U0069724

JAMIE'S
SWEETS
SHOP

土文青・洋菓子
書店頂樓的甜點師

江　舟航

JAMIE'S SWEETS SHOP

土文青，洋菓子：書店頂樓的甜點師

CHAPTER 1 自學甜點師

作者序
書店頂樓的甜點師

　　記得我的第一場公開講座，是在2013年底，於「三餘書店」舉辦的「再見柏林分享會」，那也是我第一次運用小說創作甜點。在閱讀完「再見柏林」後，我試圖把那段時間所累積的情緒、記憶和表情，透過不同味道、層次的餡料製成甜點，再填進大家充滿想像的口腔中。而當時除了分享小說內容及創作過程外，也聊了一些食安議題，雖然過程緊張、生澀、令人捏把冷汗，總還是我第一次的推廣講座，更開啟了我對這件事的感官和想法。之後開始和「叁捌旅居」合作「叁食而麗」企劃，以春、夏、秋、冬四季時序，分享我到高雄各地採集資料、食材的故事，並現場示範如何運用當地食材來創作點心，講座的空間換成「客廳」，聽者的身分也轉換成「朋友」，大家一起聊做菜、聊高雄，也聊食物的鄉愁。接著陸續和「火腿藝廊」、「可萊歐小商行」等藝文空間，以及「文化局」、「農業局」等公部門合作，舉辦關於地方飲食的料理講座暨示範，讓我漸漸熟絡了這類推廣講座的模式和環境。

緊接著意外地受到法國鍋具品牌Le Creuset的邀請，到高雄各大百貨公司示範料理，要在有限的時間內完成二道菜，當然對於鍋具的使用及歷史也得有所研究；而因講授的對象和屬性和過去的不大相同，我花了一些時間和功夫調適、設定內容，如何在這二個小時的時間，讓大家不只是學到料理的技術，更能多少吸收到一些關於飲食文化、在地食材和食品安全的訊息。就像一次朋友在情人節當天來上課，他打趣地說：「我終於知道白色情人節這日子，原來是商人的伎倆了」。感恩的是，和Le Creuset合作了半年左右，隨著教學經驗和學員人數的累積，得到了許多百貨公司高層主管的關注，也開始以品牌合作的名義，邀請「日食—傑米號」搭配百貨公司的節慶活動，舉辦一系列的「特別企劃」，如：「傑米號快閃教學」、「VIP酬賓活動」，甚至是參與周年慶的「日食快閃店」等，不僅讓我接觸到更多層面的消費族群，對個人及品牌的宣傳和曝光更是直接而顯著。

「推廣不能分對象，因為每個人都要吃」，這是我在楠梓高中的研習尾聲，對同學們說的一句話，也是我在亞洲大學、實踐大學演講過後，得到了「對於不同對象，要用不同的講述方式」的心得結語。我很喜歡回到校園，和當初的「自己」對話，彷彿在一雙雙未完全「社會化」的眼神中，審視自己正在做的每個決定、堅持的每個理由，也能從每個「我想知道更多」的問題中，找到更多可以勾勒的選項，和可能正確的答案。甚至是以「大學長」的身分，回到母校與學弟妹們分享自己創業以來的生活點滴和心路歷程。我不期望成為什麼楷模、個案，只期許自己在未來的推廣路上，不論是以廚師、講師，甚至作家的角色，對於不同場域的學員及聽眾，都能傳遞自己的信念，分享好的食材和有益資訊，成為農友與消費者之間的平臺，拉起彼此透明卻實在的那條紅線。或許終有一天，我所熬夜讀過的書、破皮走過的路、急忙寫下的字，和誠實創作的菜，也會在某個適當時機，出現在你們的手上、桌上，以及心上吧。

CHAPTER 1

自學甜點師

自小對料理的興趣,延續到求學時期餐飲科系的選擇,加上咖啡廳打工的磨練,再到當兵盲畫出的創業樣貌,以及自學過程的洗禮,最終開了烘焙工作室。這是我人生最平凡、卻也最奇幻的冒險。

▌SCENE▐ 人生第一個生日蛋糕

　　「江舟航」是我最先學會寫的三個字，「巧克力蛋糕」則是我第一次學會做的蛋糕，曾幾何時，我的名字陸續出現在報章雜誌、電視新聞和百貨公司型錄上，也總是和蛋糕畫上等號，更是我始料未及的。初次見面的朋友總會好奇地問：「你的名字是本名嗎？」、「你是命中缺水嗎？」；也有不少人說過：「你的名字好有意境」或「好像瓊瑤筆下的人名」，每每轉達給爸爸知道，他總會露出滿意的微笑，接著說：「你差一點就被取名叫『江流暢』了呢。」

　　說到我的名字，記得念高中時，每到週末的社團時間，固定會有一位命理老師，到班上為同學提點人生方向（或稱：算命），當時因身為班代及排球社社長，總是忙到最後一個進入教室，自然也是最後一個被命理老師點到名的人。「江舟航，不論你日後是要升學或就業，甚至成家置產，都盡量選擇有水的地方，因為你就是遇水則發。」我一向不是迷信之人，但對宇宙間的神祕事物始終保持開放態度，或許老師的這席話，也潛移默化地影響著我對於學校的選擇，也成就到淡水就讀大學的決定。只是後來想想，其實臺灣四周環海，河川

小姑、姊姊、堂哥、堂姊為我慶生。

遍佈島嶼，要找到沒有水的地方也真的不簡單吧。就像每位來自鄉下的小孩一樣，國中畢業後便離家至市區就讀高中，大學到了臺北，研究所來到臺南，成長的過程彷彿像渡船般，此岸彼岸的四處遷徙、漂流，退伍後終於停泊在「港都」高雄，也在料理中找到人生的航線。

回到小時候對生日蛋糕的印象，大都是爸爸從鎮上唯一的糕餅店買來，巧克力口味的戚風蛋糕體，內層抹上厚厚的巧克力鮮奶油，舖滿由水蜜桃、奇異果和櫻桃果粒組成的綜合水果，外層則是淋上濃郁深邃的巧克力糖霜，最是令我們小孩子們為之瘋狂的。一刀切開，層次分明的外觀，俐落的線條，讓我想起了六龜老家的山脈間，由荖濃溪沖刷而成的三角地帶，堆砌著童年的純真與希望，著實令我安心、流連。在自己開始學會做蛋糕後，「巧克力蛋糕」也成為客人最喜歡的品項之一，甚至預定成替朋友慶生用的生日蛋糕，及小孩出生的彌月禮盒，對我而言，也像是透過自己的雙手，獻上對生命的喜悅和祝福。

自小對料理的興趣，延續到求學時期餐飲科系的選擇，加上咖啡廳打工的

磨練，再到當兵盲畫出的創業樣貌，以及自學過程的洗禮，最終開了烘焙工作室，這是我人生最平凡卻也奇幻的冒險。無論「甜點」或「料理」，對我而言的意義，是讓我真正「認識」自己的喜好和熱情所在，並磨練成能以此為業的才能，享受且樂於工作、無怨無悔；也讓我從客戶和廠商的正面回饋中，得到對自我價值的「認同」，還有更多源自家人的無條件支持和朋友的溫暖力量，讓我更有信心地「認為」自己所堅持的理念是對的，亦期盼透入更多時間和精力，為這片土地盡些心力。

自創業以來，我不斷走訪不同鄉鎮，期許自己能以在地食材入菜，也透過文字的紀錄、料理課程的教學和手作甜點的分享，同步述說著關於產地的飲食脈絡和動人故事，讓客人或學員吃的安心之外，也能嗅到濃厚的臺灣人情味。或許在外人眼中，創業這條路子，我算走的順遂，也始終感激著二年來，各界朋友對我直接或間接的幫助和建言，得以從一位自學而成、自創品牌的廚師，再到擔任飲食講座、料理課程的講師，甚而成為撰寫個人作品的作家。我深知

給客人的手寫信。

在浩瀚的料理海洋中航行，技術的精進和知識的獲取，猶如是「逆水行舟、不進則退」；在經營品牌得到一些成績後，更是要保守內心、堅持初衷，正如同「水能載舟、亦能覆舟」的道理一樣。而這一趟的奇幻旅程，若沒有各位的參與，是無法碰撞出這些難以細數的「想不到」，此時此刻的我，唯一能想到也歷久彌新的，就是那第一口蛋糕的滋味，和第一次學會做蛋糕的感動。

「在人生的旅途上，你我猶如是一個個旅人，揚著夢想的帆，航馳於時間之流上，儘管手中的指南針和船舵會是可靠的依據，指引著我們朝正確的方向前進，然而，航程中詭譎多變的天象，和無法預知的暗流，更是危機所在；但只要憑藉著內心堅定的判斷和清晰的聲音，終將像燈塔般指引我們，安全抵達靠岸的港灣。Throw off the bowlines, sail away from the safe harbor, catch the trade winds in your sails. Explore. Dream. Discover.-Mark Twain.」──《2013寫給客人的手寫信》

RECISE

巧克力生日蛋糕
使用6吋蛋糕模

A | 巧克力蛋糕體

奶油：120克

巧克力粉：40克

動物鮮奶油：70克

低筋麵粉：140克

雞蛋：3顆

細砂糖：130克

B | 內餡及裝飾

打發鮮奶油：200克

新鮮水果：適量

苦甜巧克力：150克

糖粉：100克

動物鮮奶油：50克

1　將**A**中的奶油隔水融化成液態奶油後，加入巧克力粉拌勻，再均勻拌入鮮奶油備用。

2　雞蛋與細砂糖以高速打蛋器打發，至蛋糊呈現濃稠且不易滴落的「全發」狀態，分次加入過篩的低筋麵粉，輕快的拌勻後，再與**做法1**的巧克力奶油液拌勻，放入6吋模具中，以180度烤焙35分鐘即可出爐。

3　將**B**的苦甜巧克力、糖粉及動物鮮奶油放入鋼盆中，隔水加熱融化並拌勻備用。

4　將放涼後的蛋糕，從中間剖開並抹上打發鮮奶油及新鮮水果，再於蛋糕頂端淋上巧克力醬即可食用。

SCENE 調味與嚐試

　　我出生在高雄地區的一個偏隅山城—六龜，自我有印象以來，除了在假日
會有來自各地遊覽車、遊客，川流不息的湧入六龜各個知名的觀光景點，如：
彩蝶谷、不老溫泉、扇平、荖濃溪泛舟等，在平日的時候，就是一個「好山好
水好（不）無聊」的地方。我家位於鎮上相對熱鬧的區塊，隔一條寬10公尺不
到的馬路，對面是六龜圖書館（前身為中山堂），右前方是媽媽服務過的六龜
國小，我的大姑姑也是該校的老師，而再往前走一小段路會經過六龜派出所，
和爸爸上班的六龜區公所，由於六龜鎮上不大，我總像是隻逃不開雷達範圍的
弱小生物呢。像在學校上課或遊戲中闖了什麼禍，第一時間媽媽和姑姑就會知
道；有時和同學一言不合吵架，對方家長是爸媽的同事，我就被逼著去跟人家
道歉；不知為何而參加的學校演講比賽，會場就在區公所的講廳。記得有回
爸爸特別來看我比賽，在老師口中表現一向大方的我，竟然緊張到全程是低著
頭演說的。鄉下地方人家聊天總會以：「那個誰誰誰的兒子，聽說……怎樣怎
樣」來開頭，雖說人情味十足，但有時不經意聽見，總有令人有種快要窒息的

生活壓力，更何況因為全家都是公務員的緣故，幾乎整個六龜都知道我們家。

小時候我和班上比較好的幾個男生，莫名其妙的組成了一個小團體，在課業上會互相照料，課後就聚在某位團員家裡看電視、玩電動或吃東西之類，一到假日我們會往學校的後山上闖，想像自己是地球浩劫後殘留的最後一批人類，必須在野外覓食、求生，努力找尋著水源和野生動物的足跡。在我們的豐功偉業中，曾抓過幾隻還沒長大的小松鼠，地上撿到受傷的斑鳩，和一些超越我們認知的蛋類，最後結局當然是放生，但原因可不是因為生態平衡、森林永續的顧慮，純粹是怕帶回家討一頓打罵罷了。每周六晚上，在六龜農會的廣場及周邊道路上，會有小朋友最期待的夜市，而我們在集體逛完夜市後，會在某位團員家裡進行一項相當弔詭的活動—摔角；沒錯，是裸上身的那種摔角！奇怪的是，小學生怎麼會嚮往摔角呢？起因是這位團員家中，有兩位分別念國中和高中的哥哥，當時臺灣剛流行裝第四臺，兩位大哥哥相當熱衷收看摔角頻道，所以便將車庫改裝成臨時比賽會場，地板上鋪著地毯和好幾層厚棉被偽裝成擂

臺,再將我們幾個小男生集合起來,取名、分隊、然後進行互摔(其實比較接近互推)。記得某次摔角中,團員父母無預警地打開車庫大門,看著一群裸著上身進行著不知何謂的休閒運動的我們,當下不知是笑是罵的無言表情,說明了這是何等荒謬的活動啊!

在二十多年前,我尚未懂事的那個年代(雖然現在也不見得有多懂事),要離開六龜到離家最近的熱鬧市區,必須搭著沒有冷氣的客運車,穿越六個隧道和蜿蜒的山路,每站皆停的歷經50分鐘,才能抵達這個有三商百貨、金玉堂書局和老街美食的旗山。若沒有大人獎勵、校際合唱團比賽的平常日子,我們就只能在這六龜山城找尋樂子、自娛娛人。我自小就喜歡在廚房中玩耍,有回不知從哪得到了一個蜂蜜蛋糕的食譜,便好奇的依照著步驟製作著,用失準的磅秤量好食材克數,再將麵粉放在空隙太大的篩網過篩,雞蛋和砂糖用手動式打蛋器拼命打成發泡狀,最後與蜂蜜、沙拉油攪拌拌勻後,倒入底層抹上乳瑪琳的鋼盆中,大同電鍋裡對入2杯水,等到開關「啪」一聲的彈起後,就可以打

騎著小怪手的我。

開鍋蓋，品嚐蛋糕的風味了。當時我可是相當自豪地，不時拿這一款有著扎實的口感（其實根本硬梆梆）、手作感十足的外觀（或塌或澎無法預知），和分量、誠意滿分的自製蜂蜜蛋糕，招待來訪家中的朋友，還盯著大家吃完後給些意見。現在回想起這一切，若有機會再見，還真要跟這些受盡身心折磨的朋友好好道歉一番呢！

我的料理旅程，在記憶可及的邊境中，是悲壯也浪漫。沒有地圖和指南針的嚮導，憑藉著皮箱中的器具也總是短缺，只能腳踏實地的，逐漸累積求生技能的里程數，並渴望著擁抱世界。但或許也從那時候開始，我就在從六龜開往市區，內心祕密到公開場合，老家3坪的小廚房通往理想生活的這條羊腸小徑中走著，學習找尋一個情緒和壓力的出口，在看似貧瘠的資源和環境中，邁向自己夢想的康莊大道。

RECIPE

家常滷肉
使用24公分鑄鐵鍋

1. 沙拉油：適量
2. 冰糖：30克
3. 五花肉：1000克
4. 蒜末：5瓣
5. 薑片：5片
6. 紅蔥頭末：3顆
7. 青蔥段：3根

8. 醬油：150克
9. 米酒：150克
10. 水：400克
11. 滷包：一包
12. 八角：2顆
13. 白胡椒粉：適量
14. 海帶芽：適量

1　鍋中倒入沙拉油，並以中小火加熱後，倒入冰糖持續拌炒至焦糖化。

2　將切塊的五花肉倒入鍋中略炒，再將吸收糖液後的五花肉撈起備用。

3　鍋中放入**4-7**之食材炒香，再將五花肉倒入同炒，便可倒入**8-10**之綜合調味醬汁，待醬汁煮滾後即可加入**11-14**之材料。

4　蓋上鍋蓋，以小火悶燉40-50分鐘即可熄火上桌，再依照客人口味斟酌調味。

SCENE 最難吃的早餐

世上最悲傷的話語，是爸爸的嘆息。

「爸爸年輕時是鎮上的風雲人物，相貌堂堂、文武雙全，受過良好教育，又是穩定的公務員，不知當時有多少女生暗戀你爸呢！」曾聽媽媽這樣說過。我的爸爸是個典型的魔羯座，有著理性的頭腦、嚴謹的行事風格，和按部就班的一貫堅持，除了高中時期曾嚮往當一名職業的棒球選手外，從小到大似乎沒讓阿婆操心過，是和我截然不同的男人。爸爸是家中長子，許多家業壓力，便落到爸爸肩上，加上阿婆身體不好，爸爸除了日常工作外，大部分時間都是待在家裡，只能偶爾藉著區公所的「自強活動」，帶我們全家外出旅遊。我不知道爸爸是不是真心不喜外出，還是恣意生活的屋簷，早被現實壓力的藤蔓給完全覆蓋。

爸爸是個運動細胞特別好的人，沒經過專業訓練的他，不論田徑、棒球、桌球、羽球都難不倒他，甚至時常代表六龜鄉參加「縣運」，小時候也常帶著我和姐姐，到中山堂樓上的運動中心打球，培養我們對運動的習慣和興趣。另

年輕的爸媽。

外，爸爸的音樂天分也相當出色，除了是公認的「六龜歌王」之外，也會不時
演奏自學的吉他及口琴，甚至能在我彈錯和絃的當下，清楚辨別是那個音跑掉
了。我彷彿也繼承了爸爸的基因，自小便對運動及音樂，產生莫大的興趣，並
一路參與學校的樂團和校隊，直到學業結束、長大成人。

　　記得國小階段，爸爸對我和姐姐的學業表現相當重視，不僅止於「智育」
分數的要求，而一般家長較寬厚的「德、體、群、美」育，爸爸也嚴格規定分
數不能低於「甲」，或許某個程度上也是希望我們長大後不會成為只會念書的
書呆子吧。到了國中，爸爸認為我們已經逐漸有自我意識，對我們在學校的表
現，也抱持著較為開放的態度，只是，我卻因此在自由的風帶領下，像一枚斷
線的風箏，飄向了一個接近失控的方向。我國中開始不愛念書，每天等待的便
是下課鐘響後的短短十分鐘，以最快的速度衝到運動場，投個幾次籃框、打上
幾回排球，再不情願的回到教室上課，家裡原訂的自修時間，我也常是一邊翻
著歌詞、一邊聽著姐姐買回來的西洋音樂，聽見爸爸上樓前習慣的咳嗽聲後，

再把音樂調小、假裝正在讀書的樣子,當時自以為神不知鬼不覺的蠢樣,現在回想起來真是令人難為情啊!而國中時期的荒廢,也反映在高中聯考失利的成績單上。

那天早上,爸爸罕見的帶我出門,坐了2個多小時的高雄客運到市區,希望能找到一所願意收留我的普通高中,那怕是私立的都好。「很抱歉,我們雖然是私立高中,但對聯考分數還是有一定的要求,您的孩子恐怕無法來這裡就讀。」學務人員這樣說著;在我們即將離去的當下,他接著說:「我們學校附近有一所高職,他們有新辦的『綜合高中科』,除了和普通高中念相同的科目,另外還有技術的訓練,您如果希望兒子畢業後有機會念大學,或許可以去問問看。」那天中午,完成了高職的報名程序後,爸爸和我坐在附近早餐店的戶外座位,爸爸咬了一口吐司後停了下來,點起了一根菸,緩緩吐出的煙圈像是深深的嘆息,夾雜著說不出口的失望和責備,那是我人生中吃過,最苦澀、最難以下嚥的早午餐。

我決定在高中時期開始振作,積極參與校內、校外,大大小小的事務和比賽,也累積相當不錯的「書面資料」讓甄試評審查閱,一舉考取了兩所大學,成為學弟妹眼中的「傑出學長」。然而,看似揚眉吐氣的音樂劇,卻在我北上

就讀大學時走了調，成了荒腔走板的一齣鬧劇。少了家人的看顧和老師的監控，我常掙扎於「低空掠過」和「重修」之間，最後更不得已的被迫延畢，一延就是兩年。在當兵的時候，常有同梯問我為何這麼晚才當兵，我常以「教授捨不得我走」，自以為幽默的回應，來掩蓋那段不堪回首的過去。延畢的那段時間，爸爸的身體出了狀況，因為心臟的異常跳動和不時陣痛而住進了醫院，出院後不久的某天，爸爸陪我走到老家門前，不遠處的客運站牌等車，短短不到100公尺的路途，卻是我經歷過最長的沉默。客運車門打開的瞬間，我回頭擁抱了爸爸說：「對不起，我不會再讓你失望了！」爸爸的拳頭是緊握的，彷彿重擊著我這塊銹鐵，無法磨成堅鋼的盼望，那是我長大後第一次擁抱爸爸，也是第一次看見爸爸哭，為我而哭。

　　因為大學延畢，爸爸沒參加過我的畢業典禮，碩論難產的情況下，爸爸也沒機會見到我的碩士證書，但此時此刻，在我流著淚、敲著鍵盤的當下，我發自靈魂最深處的渴望，或許在不久的將來，爸爸能拿著我寫完的書，出席我的新書發表會，然後在回家路上，坐在副駕駛座上微笑著說：「舟航，你沒讓我失望。」

RECITE

摩洛哥雞肉三明治
使用方形烤盤

1. 雞里肌肉：300克
2. 薑末：2-3片
3. 薑黃粉：約5克
4. 小茴香粉：約3克
5. 辣椒粉：約3克
6. 橄欖油：20克
7. 洋蔥末：半顆
8. 鹽、黑胡椒：適量
9. 吐司片：自選
10. 生菜：自選
11. 番茄：自選
12. 酸黃瓜醬：少許
13. 黃芥末醬：少許

1. 將雞里肌加入**2-8**之食材，充分抓勻並醃漬1小時，放置於冰箱冷藏備用。

2. 鍋中倒入少許橄欖油，並以中小火加熱後，將里肌肉煎至雙面金黃、熟透即可盛起備用。

3. 吐司以烤盤烙出紋路後，均勻鋪上生菜、番茄片及摩洛哥雞肉塊，依照個人喜好添加**12-13**之醬料調味後即可食用。

█SCENE█ 阿婆的柑仔店

　　我的阿婆，就像大家印象中的客家奶奶一樣，勤儉持家、刻苦耐勞，當然也燒得一手好菜。小的時候，同學總是羨慕我們家是開柑仔店的，好像有吃不完的零食、打不完的電動玩具，還可以無限次的玩「抽抽樂」，尤其是逢年過年，剛進貨的待售玩具擠滿了一樓店面，總是與乾瞪著眼、媽媽不肯買帳的小朋友，構成了楚河漢界的有趣畫面。我家就在國小的正對面，是全校學生上、下課前必經之地，每天早上6點半，家門口就擠滿了學生，連出門的空隙都不留，常令快遲到的我，氣急地想開口罵人，而這種盛況會一直持續到糾察隊的第一道哨聲，有時客人多到連住在附近的阿桑、阿姨都會下來幫忙呢！但好像總是這樣，家裡賣什麼的，就會對這些東西無感，我不喜歡零食、糖果，也不愛電動玩具，拆封遙控飛機時也沒有興奮地尖叫，彷彿一切都是理所當然，就像你不會計算今天呼吸的次數和心跳的頻率一樣。

　　聽家裡長輩說，阿婆當初就是靠著這間柑仔店，一角一角的儲蓄，把連同我爸爸、姑姑和叔叔等四個小孩，都送到了高中念書，在那個年代的鄉下，家中

小時候家裡是柑仔店。

所有小孩都要念到高中，是相當不簡單的事情了，好在後來大家也都相當爭氣地考取公職、教職，有了穩定工作和收入，讓阿婆肩上的擔子不再沉重，得以安享晚年。若要說家裡是柑仔店這件事帶來的好處，就是在學校遠足的時候，不用出門去張羅點心，出門前隨手拿個幾包「乖乖」、「滿天星」和「七七乳加巧克力」就足夠塞滿背包；過年過節想放鞭炮和煙火，就從櫃子裡拿出一些炮竹與朋友同歡，有時候運氣好，爸爸還會拿著沒賣掉的「大型低空煙火」到空地施放，周圍總圍著一圈小朋友，等著讓耀眼的煙花點亮每張期待、微笑的稚氣臉龐，我也覺得好有面子；直到後來政府禁止私售炮竹，限制私設電動玩具臺後，家裡的柑仔店生意也像絢爛奪目的花火，隨地心引力落下，還給深夜一片寧靜，也回歸一個家的單純樣子。

記得小時候阿婆嚴格禁止我們買外面的食物，像是雞排、香腸或是黑輪，就連宵夜煮泡麵，都不忘叮嚀我們要多加一顆雞蛋和一些蔬菜，營養才會均衡，而家裡的菜櫥和冰箱隨時都備有食物，等待著剛下課的我和姐姐加熱食用，櫃

子裡有著一罐罐寫著日文、標示日期，阿婆自己醃漬的泡菜、白蘿蔔和脆梅，
有時也會拿出私釀的梅酒招待來家裡的朋友，甚至還有許多鄰居來向阿婆討教
醃臘肉、蒸蘿蔔糕的家傳食譜和作法。阿婆煮的味增湯最令我難忘，總是那麼
入味、甘甜，鹹度拿捏的恰到好處，還有看似簡單的蛋炒飯，也是炒得飯粒包
覆蛋香且顆顆分明。爸爸喜歡吃粥，阿婆醃漬的醬瓜、鳳梨豆醬最為合味，甚
至還有遠道來訪的客人，直接出價購買幾罐回家享用呢，我常常也自居，自己
有廚藝上的天分，或是對於手作的堅持，與對加工食品的感冒，除了是家裡的
耳濡目染之外，多半是遺傳阿婆而來的吧。

　　從前家裡二樓的庭院，種有幾株精巧的玫瑰、蘭花，茂盛的萬年青、地瓜
葉，還有一小區的芫荽、大蒜、茄子和小番茄，都是阿婆還在的時候親手栽種
的，她會固定在每天的清晨及傍晚時分，帶著棉質手套、蹲在地上，將惱人的
雜草一棵棵拔除，稍整砂土後灌溉適量的水分及肥料，然後再走上三樓的佛堂
拜拜、點一炷香，祈求家人平安、順利。每到夏日的午後，我常偷偷摸摸地跑

曾經綠意盎然的小庭院。

到庭院，拿著接有噴灑器的水管向天空灑水，看著陽光穿透過水滴，在眼前折射出小小的彩虹，彷彿真在下太陽雨一樣，有時不小心被大人發現，難免惹上一頓責罵。而隨著阿婆身體退化，上樓次數減少，這片曾經綠意盎然的小天地，也隨著記憶一同枯萎、凋零。

這兩年工作忙碌，睡眠不足、作息不定、飲食不均成了習慣，運動和休閒時間更是常常被所謂「重要的事」給剝削，難得放假回家的我，也因平日累積的勞累得到全然釋放，一睡就是半天時間，占據了能與家人相處、閒聊的片刻，甚至有時店裡或客戶有什麼突發狀況，連媽媽切好的水果都忘記帶，就急忙開車趕回市區。只要想起阿婆曾說：「在外面三餐要正常，身體才會健康。」就覺得自己真是讓家人擔心的壞孩子。今天回市區工作前，六龜下了一場午後雨，我坐在庭院的階梯上，隨著雨滴節奏算著拍子，閉上眼睛，依稀聞到鮮花、青草，和翻動泥土的味道，於是睜開雙眼，一道明確的彩虹正展現在我面前，我相信總有一天，她們都會回來的。

RECIPE

鄉村燉肉

使用22公分鑄鐵鍋

奶油：20克	番茄丁：2顆	茄子塊：1根
蒜末：3-5瓣	番茄糊：50克	芫荽：適量
豬軟骨肉：500克	高湯：400克	Tabasco：適量
培根：50克	月桂葉：3片	
洋蔥：半顆	義式綜合香料：適量	

1　將奶油放置鍋中，以小火加熱，置入蒜末略炒成「蒜油」，再加入豬軟骨肉煎至雙面金黃，盛起備用。

2　以原鍋餘油將培根丁、洋蔥末炒香，加入番茄丁及番茄糊略炒，隨後倒入高湯、月桂葉及綜合香料，煮至醬汁沸騰後放入豬軟骨肉及茄子塊。

3　蓋上鍋蓋以小火悶燉30分鐘，起鍋前加入芫荽，斟酌鹹度並以Tabasco調味。

SCENE 考到流血流淚的中餐丙級證照

　　大多數的客人甚至朋友，因為沒有參與到我的過去，認識的自然是身為甜點師的我，卻不知我的餐飲背景中，中餐才是最早接觸到的，「中餐丙級」也是我考取的第一張餐飲證照呢！記得高中時期，我所唸的科系為「綜合高中」的餐飲管理學程，在高一的上學期，我們讀的是和普通高中一樣的共同科目，而到了下學期便開始分班，並針對同學自行選讀的學程，進行更專業的餐飲知識與實務的學習，也就是說，除了讀書之外，也要進到廚房煮菜。而到了高二後，學校開始鼓勵我們積極準備考取餐飲證照，不論是：調飲、中餐、西餐、烘焙證照都可以，甚至是越多越好，老師這樣告訴我們，假若高三參加推薦甄試，有相關證照能為書面資料加點分數，無意升學的話，有了證照也比較容易找到工作，不疑有他，同學們紛紛投入了考取證照的備戰狀態。

　　到了考試當天，早上進行第一階段的筆試部分，考試內容為中餐的相關專業知識，所以只要熟讀完那一本厚厚的考題講義後，大多數同學都能順利通過，而接著就是進入下午的術科階段，評審會從90道菜色中，抽出6道菜色，考生必

與楠梓高中同學合影。

須在符合衛生標準及時間限制中，獨自完成「色、香、味」俱全的料理。若記得沒錯的話，當天應考的同學有40多人，最後卻只有個位數通過。由於老師和同學們都花費了相當多的心力和時間備考，這樣的成績令人感到不可思議，而追根究柢的原因竟是：刀太利。

　　一般學校廚房所提供的刀具，在經費預算和安全考量上，通常不會購入太新的刀，或是把刀磨得太鋒利，所以我們用習慣了這樣的刀切菜，又是在自己學校的廚房考試，難免掉以輕心，沒注意到考試用的刀具，都是剛磨好，甚至是剛拆封的新刀，不小心劃出一小道傷口，在緊張的氣氛和激進的細胞簇擁下，血滴不配合的落在砧板、檯面，甚至是食材上，就成了一位失格廚師了，當然也包括我在內。其實那次的經驗，對我日後擔任料理講師時，有一定程度的警示作用，不論是到百貨公司的開放廚房做菜給會員們看，或是與公部門合作，在活動會場臨時搭建的簡易廚房內示範甜點，面對陌生空間和廚具的轉換和應用，我會更加留意，以避免發生類似考照時血流成河的慘況再度發生。

重回高中擔任講師。

　　關於證照的必要性，餐飲從業人員都有著不同觀點，有一派廚師，會主張不斷蒐集證照，甚至參加國內、外各式餐飲比賽，符合臺灣消費者「出國比賽得金牌」的期望，彷彿也為該店家鍍上一層金，相關產品也可提高售價；要不就是高掛外國餐飲名校的結業證書，或強調自己師出名門，拉抬起店家聲勢。其實自己在創業初期也曾思考過這類可能，是否該遵循上述規則，業績或許也會隨著「金字招牌」而蒸蒸日上。但回歸現實面，我不僅沒有那些預算，一人工作室要處理的事項繁雜，平時幾乎沒有放假，更何況空下一大段時間，出國比賽或進修呢？

　　在高中畢業後的十多年後，我意外的接到「楠梓高中」的邀約，希望我能到校舉辦師生的餐飲研習營，並與即將畢業的高三學生分享創業心得，巧合的是，對方正是「綜合高中科」。研習營當天，我以「高雄風土」為主軸設計示範菜單，分別是：「大樹區」的鳳梨糖醋排骨、「美濃區」的客家封肉燉飯、「甲仙區」的手作芋頭酥，以及「旗山區」的香蕉乳酪塔，與同學們共同完成

我的中餐丙級證照。

了四道揉合中式與西式，既傳統也創新的料理。同時也以「產地到餐桌」的概念，分享走訪這四鄉鎮的飲食手札，讓同學對於地方風土有更進一步的認識。

　　研習營過後幾週，我再次來到楠梓高中演講，像是以「老學長」的身分，勉勵並祝福同學，畢業後要勇敢逐夢、築夢踏實。回想這兩天的旅程，彷彿帶我回到了熟悉的學校廚房，看到久違的那個穿戴著標準廚師服，手忙腳亂、汗流浹背地做著菜的身影，也喚起心中那分「廚師的責任」，不僅是客人與農友間的橋樑，更是飲食安全與飲食文化的傳遞者，至於有沒有出國深造，或考取了幾張證照，似乎也不再重要了吧。

RECIPE

鳳梨糖醋排骨
使用不沾平底鍋

1. 豬小排：400克
2. 醬油：30克
3. 米酒：10克
4. 全蛋液：1顆
5. 樹薯粉：200克
6. 橄欖油：300克
7. 蒜末：3瓣
8. 鳳梨片：100克
9. 彩椒片：1顆
10. 番茄醬：60克
11. 砂糖：60克
12. 白醋：40克
13. 蔥段：1根

---

1 將豬小排以醬油及米酒抓醃30分鐘後，表面沾取蛋液及樹薯粉備用。

2 橄欖油燒至中溫後，將豬小排以小火煎炸至熟透，再轉為大火，將排骨多餘的油脂逼出，盛起備用。

3 將鍋中多餘的橄欖油倒出，以少許油爆香蒜末、鳳梨片及彩椒片後，一次倒入10-12之糖醋醬材料，以中火略炒均勻後，加入先前炸好之豬小排同炒。

4 起鍋前加入蔥段微炒至香氣散出，即可盛盤食用。

SCENE_ 咖啡店打工小王子

　　在就讀大學的那些年，我將時間投入在學校球隊、社團、系上活動和各項比賽之中，當然大學必修的「打工學分」，我也是從不缺課。在打工環境的選擇上，通常我是憑靠直覺，或是喜歡店家營造出來的氛圍，而決定是否要到便利商店，買上一包紅白線條的簡易履歷，填上自己的個人資料遞交人事，等待後續的面試通知。淡水是著名的觀光地區，有廣為人知的淡水河岸風光和異國古蹟，所以連帶的餐廳、咖啡廳的發展也相當多元、蓬勃，我的第一份打工就是在捷運站附近的咖啡店，擔任外場服務人員。

　　那是一間河堤旁的小小老房，有著木造的窗櫺和斑駁的水泥磚牆，隔著一條不到3米的步道，就能沉浸於滬尾海口的浪漫情懷，呼吸著空氣中的咖啡香與海洋味。我喜歡在觀光客不那麼多的平日下午，收拾好上課的講義和同學的招呼後，沿著學校旁的領事館、小白宮斜坡走下，吹拂著沒有節奏的海風，往逆著光的方向前進，享受上班前的漫遊時光。咖啡店假日的生意很好，20坪左右的空間，裝進了1名廚房、2名吧檯和4名外場人員，服務著滿滿的店內客人，精神

母校系上感謝狀。

狀態是緊繃的，即使重複的是服務流程和口語，但突發狀況的訓練，大部分都是在初次見面的顧客桌間實演。譬如：小朋友不小心打翻了滿滿的水果茶，除了協助清潔外，是否該另外送上一杯完好的飲料，要以原價或是打折呢？鄰桌同學們的嬉鬧聲，打擾了想安靜閱讀的客人，該如何妥善協調且避免雙方尷尬呢？而我印象最深的一回經驗，便是得應付一桌女客人的「點檯」服務。

她們是來自附近藝術大學的學生，喜歡提出菜單外的客製化飲品和餐點要求，被附近咖啡店店員列入了「奧客名單」，但由於每回的消費金額相當驚人，加上店長以客為尊的想法，所以時常成為我們店內的座上賓，記得初次服務她們時，出現了令人啼笑皆非的對話。

「你是新來的嗎？」女客人好奇的問。

「是，我上上禮拜才來這邊的，請問要點些什麼？」我回答著。

「你有歐洲貴族的氣質耶，你可以來我們學校的藝術公演嗎？」另一名女客人問。

「嗯……我不知道耶，課後都要打工，可能沒其他時間。」我其實壓根不知道也不想參與什麼藝術公演。

「不然你這邊辭掉，我們聘請你好了！」幾位女客人笑著討論。

「那要做什麼？」我不解的問著。

「就陪我們到處玩、到處吃就好了啊！」

這樣無厘頭的對話，並沒有隨著我下班後停歇，記得一個晚上，我在重修統計學的課堂上，接到店長來電，說是有緊急事件，要我無論如何都要趕回店裡幫忙，會加倍時薪給我。來到店內後，令我傻眼的對話又再度出現。

「你來了喔！我們真的應付不了她們！」店長無奈地說。

「是怎麼了呀？我剛跟老師說身體不舒服要回家休息，但我不能再曠課了。」我回答。

「就那一桌客人說她們不點東西，除非你來。」店長嘆了氣。

我一看是那桌女客人，便走過去詢問。

「請問妳們要點餐了嗎？」我假裝沒事的問。

「喔…你來了喔，你是上晚班的嗎？剛剛都沒看到你。」女客人神情自若地回答。

「是臨時來支援的啦，我剛在上課。」我誠實地回答。

「好感動喔！原來你是為了我們來上班，那你想好了嗎？」女客人好奇的問。

「想好什麼？」我著實不解。

「就是來我們這邊上班啊！」女客人異口同聲的說。

在完成任務，準備發動我的機車時，一位女客人坐上我的後座，說是要我載她去兜風，我只好語重心長的告訴她們實情，其實幾次的服務過程，已經造成店家困擾，甚至影響我重修的成績，希望她們有時也能為我們著想。彷彿恍然大悟般，自此之後她們來到店內，就不再提出令人尷尬難耐的無理要求了。在咖啡店打工的2年多，我累積了許多關於餐飲服務的經驗，也了解到一間店的經

營方式，甚至在人與人之間的應對進退，更有全新的詮釋和理解，深深影響著創業後與客人和學員的互動，而那些此刻憶不起的故事，也正在合作中的咖啡店中恣意滋長著。

　　緣分的安排如此細膩，在2015年的4月，我接到當時系上餐飲管理課的授課老師來電，飛絮老師邀請我回到系上舉辦創業講座，並和學弟妹們分享我畢業後的生涯規劃，以及如何將在校所學，融入在未來工作之中。我從行銷4P的「產品」、「價格」、「通路」和「宣傳」開頭，講述個人工作室或店家的經營方式，再以自創的創業4P做總結，要有品牌個性的 "Personality", 要有個人理念的 "Perspective"，要有趣且富創造力的 "Playful"，以及最重要的 "Pain". 因為在成長的過程中，總會面臨種種的考驗和挫折，唯有鍛鍊抗壓及耐受力，並將每次經驗當作是一門課題，才能在各行各業中獨樹一格、出類拔萃， No pain, no gain.

打工時期的咖啡店老闆娘。

RECIPE

咖啡蛋糕
使用7吋戚風蛋糕模

1. 牛奶：70克	5. 蛋黃：3顆	9. 蛋白：3顆
2. 沙拉油：35克	6. 細砂糖：40克	10. 細砂糖：50克
3. 即溶咖啡粉：15克	7. 鹽巴：3克	
4. 咖啡酒：5克	8. 低筋麵粉：85克	

1 將**1-4食材**一起置於鍋中，以小火加熱並持續攪拌至咖啡粉完全融化成咖啡液，即可放涼備用。

2 蛋黃分次加入細砂糖〈40克〉，並以電動打蛋器之最高速，快速打發至蛋黃液顏色變淡，再分次將稍微降溫的咖啡液倒入拌勻，即成為咖啡蛋黃霜。

3 低筋麵粉過篩後，加入咖啡蛋黃霜中，稍微用力拌勻備用。

4 蛋白分次加入細砂糖〈50克〉，並以電動打蛋器之最高速，快速打發至蛋白霜呈現完全堅挺的「乾性發泡」後，先取少許蛋白霜與咖啡蛋黃霜拌勻。

5 將蛋白霜倒入咖啡蛋黃霜之中，以切拌方式輕快的拌勻成麵糊備用。

6 倒入6吋模具後，抬起烤模至桌面上10公分高度後放下，將麵糊中較大顆的氣泡摔破，增加蛋糕的細緻口感。

7 以攝氏180度烘烤35分鐘，至蛋糕金黃、熟透後出爐，立即將模具倒扣停放，放涼後即可切塊，並淋上焦糖醬食用。

SCENE 有放洋蔥的超級星光大道

　　其他人家裡怎麼樣我不清楚，但我們家的所有成員，各個都對音樂有著莫名的喜好和熱誠。先前有提到，我來自一個公務家庭，從爸爸、媽媽、姑姑、姑丈和姐姐，都是在公家單位服務，所以小時候幾乎每年都會參加鄉公所舉辦的「自強活動」，跟著六龜的公職人員們，一同到臺灣各地的觀光景點旅遊，領略過臺灣東部氣勢磅礡的海岸風景，體驗過合歡山上的凜冽雪景，搭過烏來陡峭山谷間的高空纜車，也乘過阿里山的蜿蜒綿延的小火車，拜「自強活動」所賜，我大多數的旅遊經驗都是由此而來。每回出發前會在天未亮的清晨時分，大夥瞇著睡眼，在鄉公所的廣場集合，等待導遊點名、分配車上座位，以及當晚的旅館房號，確認完人數和當天行程後，便搭上遊覽車，開始一路向北的旅程。

　　而在遊覽車上，除了補眠之外，馬拉松式的卡拉OK，便是播映完豬哥亮歌廳秀後，大人們期待的餘興節目，也是我們家人輪番表演的行動舞臺。從爸爸擅長的余天式慢歌，到媽媽愛唱的鄧麗君組曲，以及姑姑常點的民歌系列，最

在三餘書店舉辦的音樂會。

後是姑丈擅長的臺語懷舊金曲。唱完一輪後，總覺得車上充滿著「這家人是怎麼了？」的疑問氣氛，甚至也有：「你們小朋友要不要也來首兒歌？」的打趣詢問。「才不要咧！」我和姐姐心裡想著，真想快速結束這一切，如果當時有發明「卡歌鈕」，我們應該會一路上按個沒完吧！雖說如此，但我和姐姐也就是在這樣充滿樂音的環境中長大，我們都從國小就開始參與學校的樂隊和合唱團，一路到國中、高中及大學的校內歌唱比賽，我甚至還和朋友組過樂團，表演自己創作的歌曲。而在大學畢業前夕，朋友在模特兒經紀公司打工，正好想找男性時尚雜誌的專屬模特兒，便推薦我給經紀公司主管認識，也開啟了短短半年的兼職模特兒生涯，半年後經紀人接到當年紅極一時的「超級星光大道」的試鏡邀約，便將我推向這個全國的舞臺之上。

　　第一次進攝影棚，除了面對身經百戰的參賽者，以及陌生的攝影機而備感壓力外，演唱完由專業的音樂評審點評更是令人冷汗直流，更何況有任何閃失，都會在電視機、電腦螢幕前被放大檢視、重播。我也從一開始的興奮、期

待，轉為比賽後期的失望、自卑。記得比賽期間，一次與朋友相約在臺北車站見面，在等待朋友的短短半小時裡，便有好幾位民眾認出我是電視上那個參賽者，紛紛要求我合照與簽名，連到住家附近的麵包店買麵包，老闆都會多送我一塊小蛋糕，要我加油，甚至到比賽結束後，搭乘大眾運輸時，也常聽見路人竊竊私語討論著我，還有高中生在捷運車門關閉前認出我，而在車廂裡尖叫了出來，我也才真切地意識到媒體的無遠弗屆。我的星光之旅是在接近20強時劃下句點，記得最後一集錄影時，姑姑、姑丈和表弟、表妹特地從高雄開車來臺北的攝影棚為我加油，也載著疲憊不堪的我回到六龜家中。回到家裡，聽媽媽的轉述才知道，其實家人都很享受我投入比賽的樣子，甚至節目播出時，會集結附近鄰居一同觀看。

　　每年的中秋節，六龜區公所都會舉辦歌唱比賽，該年便邀請我擔任特別嘉賓，演唱了2首歌曲，臺下坐著的評審，便是小時候的音樂老師，演唱完後下臺之際，意想不到地竟吸引許多小朋友前來包圍，希望我在他們自己準備的筆記

三不五時還是被拱上台唱歌。

本、照片和書包上簽名，在簽名的同時，聽見爸爸以前區公所的同事開玩笑問他：「要不要你也去比星光大道？」爸爸面帶微笑地回答：「我兒子比我厲害多了啦！」我站在小時候自強活動集合的廣場，瀏覽這一路的奇幻風景。

其實在比賽後期，有演藝經紀公司前來接洽，詢問我是否有興趣朝戲劇方面發展，我以研究所課業繁重為由婉拒了對方，表面光鮮的歡笑聲、歡呼聲、鎂光燈，其背後緊湊的通告行程，以及忽上忽下的心情起伏，並非我所能適應的生活型態，也超越了我對音樂的喜愛所能支付的代價。畢竟花開花謝終有時，有些事情，只要曾用力經歷、用心體悟過，就夠我一生反覆回味、餘音繞樑，彷彿也呼應著我在「三餘書店」開幕不久後所舉辦的音樂分享會中所說：「每個舊的結束，都是另一個新的開始。」

RECIPE

洋蔥南瓜湯
使用18公分鑄鐵鍋

南瓜塊：500克	洋蔥末：一顆	鹽巴：適量
馬鈴薯塊：一顆	培根丁：100克	胡椒：適量
牛奶：300克	奶油：30克	

1 將南瓜塊及馬鈴薯塊放置蒸籠中，以中火蒸至熟透後放涼備用。

2 將南瓜、馬鈴薯塊放入食物調理機中，倒入牛奶，一併打成糊狀。

3 奶油放置鍋中，以小火加熱後加入培根丁，炒至培根呈現焦黃狀後，
   倒入洋蔥末，持續以小火拌炒10-15分鐘。

4 倒入南瓜糊，蓋上鍋蓋悶煮20-30分鐘，食用前以少許鹽巴和黑胡椒
   調味即可。

SCENE_ **學徒生活**

　　如果說我在星光大道比賽中，鍛鍊出面對人群的強心臟的話，在研究所則培養了我創業後，面對及解決問題的方法論。結束比賽不久後，我正式成為研究生，重回可以自由行動、單純思考的校園生活，只是在一些公開場合，三不五時還是會被眾人起鬨拱上臺演唱，然後學弟妹假扮臺下觀眾，教授們充當三位評審進行點評的狀況除外。我所研讀的是休閒遊憩事業學系碩士班，與大學的觀光事業學系科目相互連結，讀起來不算費力，加上碩一學分壓力不算繁重的情況下，很多課後時間，都是假「休閒遊憩」名義，和班上同學相約到學校附近的林鳳營農場看牛，官田鄉間吃菱角，品嚐麻豆鎮上的碗糕等，或是藉校外課程之名，跟著教授參訪隆田酒廠，上山品味東山咖啡，最遠還到過南投山上的文創社區，體驗當地人純樸的鄉村生活。記得開學第一堂課，教授便為研究所的存在，做了一個相當貼切的結論：「念研究所不會學到太多知識，而是培養你解決事情的能力。」的確，不像大學時撒網般的吸收，研究所的學習比較像是垂釣，專注於自己研究的主題，和相關文獻的蒐集與分析，在這個階段，

演講後與教授系上的學生合影。

我遇見了我人生中相當重要的啟蒙老師—劉怡君教授。

回想起來,我許多創業的觀念和精神,以及相關知識背景,都是在教授身邊,不經意累積來的。像是傑米號(後續篇幅會提到)的「移動力」,從在地出發的「國際力」,以及「異業結盟」的趨勢、「資源共享」的概念,還有最重要的「品牌化」。記得一次受教授之託,擔任外國學者的招待工作,其實蠻像是保母啦,就是負責學者演講後的二日行程,白天開車帶他到處看、到處吃,最後再送學者回飯店休息。教授建議我可以載這位英國學者到蓮池潭走走,以及到美濃看看,晚上有時間的話,再去夜市湊個熱鬧,另外,英國人有喝下午茶的習慣,所以中途一定要停下來喝杯咖啡再繼續行程,我不疑有他便遵照老闆的指示行事。令我意外的是,這位英國學者對於一般老外會瘋狂拍照的「龍虎塔」竟不感興趣,反而是走到附近衰敗的聚落巷弄觀察,放置屋外的炊具、流動攤販的推車和廟宇張貼的活動看板,他在客家文物館中走馬看花後露出疲態,卻在市場的排水溝旁興奮地拍了張照,說是要寄給老婆看的;另

外有趣的是，當我們閒坐於美濃鎮上一間不起眼的飲料店喝著店家沖的、看來不是很專業的咖啡，他竟説：「比昨天那杯好喝多了！」，殊不知此時喝的咖啡，連昨天的1/3杯都買不起。「外國人真好養」，我心裡想著。

　　另外一次的接待經驗，對象是我的教授在加拿大念書時的教授，在演講過後、短暫餐敍結束，便獨自載著教授的教授，以及教授夫人到高鐵嘉義站搭車，在車上不免有交談時刻，加拿大教授看著國道一號旁綿延不絕的嘉南平原問我：「這個季節產的農作物是什麼？」當下的我腦中一片空白，只好以WTO和一些國際貿易對臺灣農業的衝擊為題，胡亂回答一番，但當下卻是自責不已，身為臺灣人，竟然對自己家的農業和文化一知半解，是要外國人怎麼認識這片土地上的美好呢？也深深喚醒我內心的創業理念：「要放眼國際，勢必是從地方出發」；「在著眼於大事之前，必須先著手於小事。」而在與農業局的多次合作經驗後，更了解到當下小農們所面臨的困境，產銷問題、農業人口的老化程度，是身為消費者的我們，難以想像的危機所在；許多傳統小吃技藝逐漸失傳，就連栽種技術也面臨斷層，構成這個食物鏈中難以彌補的缺口。

念研究所時最大的成就。

　　在完成論文前三章後，教授鼓勵我投稿國外的研討會，進行論文的發表，除了藉機訓練自己的英語演說能力之外，發表後的自助旅行更是讓我期待，那是我此生初次憑藉著自己的能力，上網遞交了報名表和論文摘要，預訂了機票、飯店，誤打誤撞的到了日本別府的太平洋大學，留下了難得的學術足跡。我的論文結果，最終是沒有完成，甚至因為愧對教授的苦心，好一陣子不敢收信或回覆訊息，直到創業後的第二年，才鼓起勇氣向教授懺悔，自己在畢業前夕卻臨陣脫逃的原因。好在教授不計前嫌，帶著剛畢業不久且有意創業的學弟、妹來到書店，希望我分享一些心得讓他們參考。不久後甚至邀請我到教授目前任職的大學演講，以自身經驗來鼓勵學弟妹，翱翔天際、海闊天空，就像我永遠記得教授曾說："Jamie, don't waste your talents, the sky's the limit."

　　「我或許永遠完成不了那篇論文，但我絕對會用心寫完自己的生命故事。」

　　此刻的我這樣回應著。

SCENE_ 打飯班與憲兵waiter

「記得在憲校和中隊長當眾起衝突後，他事後告訴我在軍中對很多事的對錯別太認真，要學習隱藏和壓抑自己的情緒和表情，意見不要太多，懂得保護自己免於無妄之災。也許也因為這個關係，反而在獨處的時候就很容易被莫名的小事觸動，隨便看個電影、聽一首歌或一則故事，都可以被搞得熱淚盈眶或陷入憂鬱。想起了九月新訓的某個星期四下午，官田的夏日豔陽殷勤地招待著難以適應的我，坐在悶熱的中山室裡邊吹著若有似無的老電扇邊放空，突然在莒光日下課前聽見一首熟悉的歌，眼睛也跟著出汗了。現在坐在舒服的房間裡吹著冷氣，聽著一樣的歌，邊想著自己終於也快退伍了，邊尋找著那個過去單純正直的自己。」

這是我在退伍前夕，所寫下的最後一篇「大兵日記」。提到當兵，想必是大部分男生終身難忘的經驗，我也不例外，因為在為期11個月的軍旅生涯中，得到許多意想不到的幫助和學習，要我再去當一次兵，我絕對會說不要，但若要移除那段普世價值皆覺得是浪費時間的記憶，我也抵死不從，因為此生就這麼一

次阿！2011年的9月，頂著出生後便不曾留過的三分頭髮型，我來到了臺南官田新訓中心，開始為期一個月的入伍訓，進入營區不久後，班長便集合我們做基本的體能測試，像是：仰臥起坐和伏地挺身，而後便是填寫厚厚一疊的兵籍資料和懇親邀請信。接著是進行分班，連上共有166名新兵，分成12個班，主要是依照戶籍地址來區分，而先前體能測試中，成績較好的新兵們，就直接被班長指定為「打飯班」，我之所以會這麼清楚連上弟兄的人數，便是因為我是打飯班的「班頭」，我們是連上的最後一班。

打飯班的工作，是在日常的按表操課結束後趕至餐廳，卸下身上的裝備，並換上圍裙和口罩，替連上弟兄及長官服務，首先要將打飯工作前空著的飯桶及湯桶裝滿食物，打完飯後再將它們推至碗盤清洗區刷洗乾淨，剩下來的廚餘、果皮當然也由我們處理，所以在其他弟兄午休的時候，我們還在工作，完畢後再以最快速度回歸部隊，跟上訓練進度，所以也不難理解，當初班長會特別挑選體能較好的弟兄擔任這項職務的原因了。記得一次到亞洲大學演講的時候，

我便舉了當兵時的例子來說明，自己定義的「創業四力」：創造力、執行力、耐受力和體力的重要性。一天三餐，持續一個月的打飯生活固然疲累，但也和同班弟兄培養出革命情感，直至現在都還保持著聯繫，甚至有幾位弟兄，還在我趕作年節訂單的當下來工作室幫忙，並「重溫」昔日打飯時光呢！

　　打飯生活倒數計時至聲響之前，我被後來下部隊的憲兵單位挑中，新訓結訓後，便和其他二個營隊，共36名被選中的學兵，風塵僕僕地、搭著遊覽車，北上到林口的憲訓中心，展開為期七周的憲兵訓練。當了3個月的新兵，接踵而來的是12月的涼爽和8個月的部隊時光。原以為憲兵的職務，不外乎車巡、步巡，或是站哨、守衛等，貌似雄赳赳、氣昂昂的工作，再怎樣都不可能和「打飯」有任何關連，殊不知……「墨菲定律」將了我一軍。下部隊後我被編制於「勤務支援連」，除了各科辦的職務外，其中一個重要任務，便是為長官張羅三餐的餐具，以及為弟兄的打飯、清潔菜盤，與新訓生活如出一轍這還不打緊，由於我被長官挑選為「戰情兵」，有時戰情參謀因故無法到餐廳用餐，我還必須

主持人也是打飯班弟兄。

「打便當」回戰情室，彷彿是「打飯班」的客製進化版呢！

　　之所以會說當兵學到的真的很多，並不是客套或空言，部隊就像一個大家庭，生活中的技能也常在公差中練就，像刷油漆、用筷子清窗溝、壁癌防治法、園藝、植栽，以及如何將抹布的水完全擰乾的方法等；除此之外，我更學會如何與他人交流、應對的技巧，這對我日後創業有著莫大的幫助。很多當過兵的朋友，都對「戰情兵」的生活感到好奇，彷彿就是每天關在一個小小的密室，協助戰情官們蒐集、彙整軍情，再向上提報情資，過著無趣且煩悶的日子。也有同梯的羨慕我，每天都在戰情室裡吹冷氣、看電視，而他們卻是奔忙於科辦公室之間，忙得跟狗一樣，我通常會淡淡的回一句：「不用羨慕我，各有各的壓力啦，而且你確定狗有跟你一樣忙嗎？」回到戰情室中，每天都會有三名由各科處前來輪值的戰情官，加上二名戰情兵值勤，大多數的時間都是各忙各的，但在部隊用餐時刻前後，偶爾還是會偷得半刻清閒，閒聊一會兒，我也在這個階段，發現自己具有一項連我爸媽都不知道的特殊才能：「測字」。

其實一開始因為看到戰情室的簽到簿上，每天都有不同長官的簽名，我開始猜想寫出這樣字跡的人，是怎樣的個性，後來便請問長官我敘述的準不準，甚至進化到請長官寫下心中想的一個字，我可以直接分析書寫者的心情狀態和未來運勢，「戰情半仙」稱號也因此不逕而走，藉由「測字」和長官拉近距離後，三不五時也會出現這樣的有趣對話：

《對話一》某位德高望重的校級長官vs我
長官：聽說戰情兵都很會記資料，你應該也是吧!?
　我：報告，應該還可以。
長官：那我現在寫幾個數字，你10秒內看完馬上寫下來。
　我：是！
（接下來就是一連串的數字和日期等資料……）
長官：哪裡有"1"？

我：這裡啊。（肯定的指出）

長官：那是"4"，你沒看我改過了嗎？

我：那只能說是我看錯，不是記錯。

長官：還狡辯，不是很聰明嗎？還說什麼「最強戰情兵」，我呸！

我：……我又沒說。（嘆）

《對話二》某位一開話題就煞不住的女參謀vs我

女參謀：這邊傳真幾號？

我：07-xxxxxxx（邊看螢幕邊說）

女參謀：喔，聽說你很會測字喔？（開話題了）

我：還可以！（手指依舊忙碌）

女參謀：那是跟誰學的？（完全不理會我忙的快昇天了）

我：自己會的。（此時電話、傳真依舊不停）

女參謀：那你可以幫我測嗎？怎麼測啊？我要寫下來嗎？要問什麼？

我：寫一個心裡浮現的字，工作、感情、健康、家庭都可以問。

女參謀：是喔！（立刻二話不說拿了一張紙就寫）

我：可能要等我閒下來有靈感的時候比較準，現在我有點忙喔，參謀抱歉！

女參謀：喔，沒關係啊……ㄟ，聽說你是那個……（是完全沒看到我忙得跟跑百米一樣嗎？）

我：我是！（輕微露出不耐煩，接著衝出去拿列印資料）

女參謀：（我回來後）那你什麼時候退伍啊？

我：報告，下個月。（還是保持著最後一絲的禮貌）

女參謀：那退伍後要做什麼啊？

我：先工作、進修，半年後打算出國工作。

女參謀：哪類型的工作？（是她太不識相，還是我敷衍的太不著痕跡了？）

我：……（再也受不了，假裝有人外找，立刻奪門而出）

女參謀：好冷漠喔，聊個天裝什麼忙啊！假正經……（音量控制在我到門口都聽的見）

　　回去後看見她已經不在時鬆了一口氣，但也發現她的傳真根本不是傳來我們這裡，而且她把那個想測的字，寫在要給長官的重要資料上。當兵期間，最重要的莫過於「放假」，由於部隊鄰近高雄市區，離老家車程約莫二個小時，所以我並不會每到放假就回六龜，反而常借宿於姐姐在高雄市區的住處，除了高中時期曾居住市區外，大學、研究所都是在其他縣市生活，這樣被「半強迫式」的回到家鄉定居，再利用放假時間，騎著機車四處遊憩，也成為我探索、認識這個城市的另類「義務役」。遠走他鄉的十年間，高雄有了莫大的改變，從原本的工業城市，轉而形塑「文創」、「觀光」為城市意象的發展，也深深吸引並引發我「留在高雄創業好像也不錯」的想法。

在退伍前夕，開始了戰情業務的交接，由於戰情兵的職務較為特殊，在人際關係、臨機應變，甚至是細心程度都有一定條件的要求，我以學長的身分推薦了新兵的可能人選，這位學弟不僅承接了我的工作，甚至在退伍後也擔任我工作室一段時間的助手，也是我一輩子的好兄弟—修緯，而我的上屆戰情學長—宇傑，也常陪我到其他店家觀摩，以及提供到日本進修的相關「情資」；另外，在我第一次登上蘋果日報版面時，許多以前部隊的長官、弟兄，紛紛在我的臉書留言鼓勵、私訊祝福，每到傳統節慶，更是以實際訂購的行動力挺，即便已經退伍三年多，仍能深深感受到軍中的溫暖，和那股溢於言表的期許，以及「一日憲兵、終身憲兵」的特殊傳統。

三任戰情兵我最矮。

SCENE 生命料理

　　退伍後不久，我便著手搜尋合適的工作，投了一些履歷表給與自己所學和背景相關的餐廳和飯店，家人則是希望我準備公職考試，或到公家單位服務，因為相對外面工作來說，想必穩定、單純許多。這段時間，我也反覆思索著：「我究竟想要做什麼？成為一個怎麼樣的人？」一直以來，料理、旅行和文字，是我過去二十多年來最感興趣的事情，我嚮往像TLC頻道節目中，那樣寫意卻充滿熱誠的生活，我想用我的雙腳走訪不同地方，用我的雙手記錄當地的動人故事，再用心烹煮出一道道帶有風土味的料理分享他人，這樣的想法總在夜深人靜、午夜夢迴時反覆敲著心中的門，待我邀請入座，即便當時我並不對自己的計畫抱持著多大的信心，更沒料想到日後竟然喚醒自己無盡的小宇宙，包容著這位意外的訪客，以及期間所遭受到的挫折、失望、狂喜和驕傲時刻。知名行腳節目的開場白：「出發，總要有個開始。」是啊！我要從何開始呢？

　　我一直很欣賞英國名廚Jamie Oliver，身為廚師的他，不僅燒得一手好菜，更透過有趣且富教育意涵的行動，投注許多公益能量於社會之中。從強調「均衡

做自己喜愛的小事並以此為業（之一）。

飲食」、深入社區發起的「傳遞食譜」活動，到改善英國國小不營養的「營養午餐」革命，以及解構食物背後的栽種、飼養過程，充滿貿易正義及人道關懷的「食安運動」，甚至自己開設的餐廳，也張開雙手歡迎中輟生、更生人等弱勢族群的加入。倘若工作可以結合自己的興趣已屬幸運，若能不唯利是圖地，直接或間接將正面訊息傳遞到店面外的各個角落，想必能從一次次的正面回饋及檢討中，得到自我成長的豐沛能量，也是理想工作的最高境界了吧，我心裡這樣想著，也開始規劃、建立屬於我的「個人品牌」。

品牌中最重要的，莫過於產品，而產品必須經過不斷的精煉和調整，才有機會做出「區隔性」，甚至成為他人無可取代的「明星產品」。我對於「個人品牌」的定義並不侷限於「品牌」中的各項產品和服務，而是把「個人」也當是一個品牌般經營。比方說：提到某人的名字，你會馬上聯想到什麼？對於他的為人處事有著如何的評價？會不會是你想要深交的朋友……等感覺，所以我便決定從「個人」出發，學習更扎實的料理技術，蒐集更多元的飲食知識，精

煉更貼近人心的文字能力，走訪更陌生的異地他鄉，烹煮出這一鍋，以興趣調味，融合著酸、甜、苦、辣、鹹的生命料理。

在一次和魔酒出版社合作的「海鷗食堂」新書暨電影座談會後，一位剛從大學畢業的社會新鮮人私下問我：「我想像這本小說裡的主角一樣，開一間小小的店來創業，我需要具備什麼條件？」我回答他：「你覺得創業就等於開店嗎？」；他接著問：「那不開店要怎麼創業？」，「像我就沒開店啊，我覺得做著真心喜歡的事，並以此為業，這就是創業。」而首先必須做的，就是如何將你這件「喜歡的事」，鍛鍊成一項能養活你的武器，接著再來談所謂的「夢想」也不遲。這些年來，我看過好多為了「堅持夢想」的築夢者，過著入不敷出、苦行僧般的生活，不僅身心俱疲，甚至懷疑起自己存在和開始的意義何在。還有一些朋友，習慣將「商業化」和「非主流」，用自我判斷的刀切開，彷彿賺錢是一件俗氣之事，沉淪於普世價值之中。然而，沒有足夠的收入和資源，要支撐所謂的夢想也是空談，自身難保的情況下，又有什麼條件完成幫助他人的理念呢？舉例來說，在我找尋合適的工作室空間時，便聽過某位房東提

做自己喜愛的小事並以此為業（之二）。

起，之前房客是一群滿懷理想的女生，有放棄公務員身分的，也有放棄銀行工作的，甚至是跟家人鬧翻，義無反顧地租下空間，打算理直氣壯地過著，像電影臺詞般：「有些事現在不做，就再也不會做了！」的勇敢生活。然而初期販售「手作雜物」的利潤和成績，不足以支付四人的生活開銷外，她們還固定撥出部分房租，作為支持「流浪動物之家」的公益捐款，然而，做了一年的夢，在付不出帳單的催繳通知中醒來，又各自回到先前的工作崗位，也決定不再流浪，返回自己熟悉的家。

　　大環境的不景氣，造就社會新鮮人普遍偏低的薪資，日復一日低成就的工作，以及不久後即將面臨的成家壓力，彷彿都鼓勵著年輕人勇敢創業，而創業門檻相對其他產業更低的餐飲業，便成為了青年創業的首選。只是，在偶像劇或電影的「小確幸」情節，看不到故事背後，主事者的無怨付出和心路歷程；小說裡引人入勝的「食堂」氣氛，嗅不到汗如雨下的辛酸味道，「創業」彷彿是包裹著華美糖衣的甜食，吸引著滿懷浪漫的築夢者一嚐究竟。

RECIPE

麻油雞腿炊飯
使用22公分鑄鐵鍋

1. 小雞腿肉：200克
2. 米酒：20克
3. 醬油：20克
4. 麻油：15克
5. 洋蔥末：半顆

6. 大蒜末：4瓣
7. 培根丁：100克
8. 油豆腐：100克
9. 白米：400克
10. 高湯：400克

11. 清酒：10克
12. 味醂：10克
13. 薄鹽醬油：20克
14. 香菜：適量

1　小雞腿以米酒及醬油均勻拌抓後，放置冰箱醃漬30分鐘備用。

2　鍋中倒入麻油，並以小火加熱後放入洋蔥末、大蒜末、培根丁炒香，再加入油豆腐拌炒一會兒，待油豆腐吸附鍋中油脂後，便可夾起備用。

3　將洗淨瀝乾後的白米放入鍋中稍作拌炒，再一次倒入**10-13之綜合液料**，並以中火煮沸醬汁後轉為小火，放入先前醃漬好的小雞腿，蓋上鍋蓋並以小火悶煮10分鐘後熄火，利用鍋內循環熱氣將米飯續悶10分鐘，直至米飯及食材熟透。

4　趁熱拌入油豆腐、香菜及芝麻油，即可上桌食用。

SCENE 姑姑的車庫烘焙坊

　　「我擁有最好的二個姑姑」，我常這樣跟初次見面，並詢問我創業秘訣的朋友這樣説。我的大姑，是國小附幼的老師，不像大家對老師的刻板印象，大姑是位擁抱熱情、才華洋溢的女性，也像我一樣，不小心會有「無心插柳柳成蔭」的狀況。二十年前，國標舞在臺灣的能見度還不高，大姑在某個因緣際會下接觸了國標舞，自學了一段時間後，竟然開始有地方鄉親希望她開班授課，帶動了六龜地區的國標舞風潮，也帶領大家參與相關競賽，甚至屢傳佳績。大姑也曾花了相當長的時間，到臺南拜師學藝，練就一手裁縫技術，記得小時候我和姐姐在重要場合所穿著的服飾，都是由大姑一手設計、製作出來的。曾經問過大姑，為何沒有運用裁縫的才能，開一間洋裁店，幫地方鄉親客製服飾；姑姑淡然的説：「也不知道耶，那個時候就恰好考到臺南師院，後來有了教師資格，家裡經濟狀況也不那麼富裕，評估之後，覺得當老師相對開店應該是比較穩定、踏實吧！」

　　小時候大姑也時常帶我們小朋友到市區的「大統百貨」頂樓，搭乘完大型

的遊樂設施後，再下樓到有「小火車壽司」、「義大利麵」等新奇玩意兒的美食街大快朵頤，儘管後來「大統百貨」在一場意外大火中消失，兒時的記憶卻沒因此燃燒殆盡。南部的資訊和資源流通總是慢上北部好幾拍，像當時「麥當勞」在臺北造成轟動後，幾年後來到高雄開了第一間分店，開幕活動便是邀請家長帶著小朋友，到附近的澄清湖畔寫生，再拿著完成的寫生作品，到店內兌換一枚熱騰騰的漢堡，聽大姑說我咬下漢堡後的第一句話竟是：「我不要吃了，碗糕比較好吃！」姑姑會帶我們四處嘗鮮其實是有所目的，她希望我們「鄉下小孩」也常能有機會接觸時下的流行資訊和有趣活動，並透過實際的體驗，引發對生活事物的想像及創造力，而不會被笑說是沒見過世面的「庄腳俗」。

我的另一位小姑，則可說是我的「烘焙啟蒙老師」。小姑從學校畢業不久後，就到了臺北的希爾頓飯店工作，也是第一次品嘗到所謂的「西點」，她說那第一口甜點的滋味，實在是太難忘了，婚後回到南部生活的她，遍尋不著味

蕾中的「乳酪蛋糕」，但因為實在太想吃了，便開始自學烘焙之路，家裡滿滿的幾個書櫃的食譜和筆記，記錄著她十多年來對於甜點的熱愛和專注。小姑在學習過程中，四處上課、觀摩商家產品，也將自己試作的作品分享給鄰居和朋友，竟意外地廣受好評，不僅增強了對烘焙的信心，更可以從小姑家牆面上貼著的滿滿訂單，看見客人最直接的回饋和正面評價。

因為爸爸一句：「小姑的甜點生意做得很好，你何不去幫她忙，自己多學一些技術也不錯啊！」就這樣開始了我另一個階段的「學徒生活」。小姑的烘焙坊是由車庫所改建的，約莫4坪大的空間，可以放上一座甜點工作檯、置涼架、上下兩層的大烤箱，以及收納食材的層架，空間雖不算寬敞，但食材收納整齊，且動線規劃得當，反而提升了工作效率。至於糕點的包材及包裝，則是在屋內的客廳進行，這樣一來，烤好的糕餅便不會因曝露於戶外過久，而產生食物汙染或沾塵的問題，等到姑丈及表弟妹回家後，大夥再一起裝盒、出貨。除了在不藏私的小姑那裡，學到許多製作糕點的技術外，工作流程、廚房規劃方

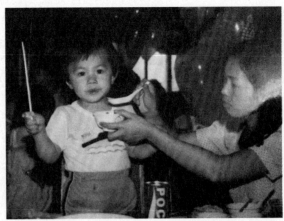

大姑帶我到大統百貨用餐。

面也得到相當多的啟發，就連自己開設工作室後，小姑也時常提供自己設計的甜點食譜，給我研發產品所用，甚至多次載著滿滿一大箱，自家種的有機芒果來到書店，分享給書店同事們品嚐。而更重要的是，我從那滿是燙傷的雙手，感受到她對於烘焙的專注和付出，更從那好奇的雙眼，凝視著她孜孜不倦、精益求精的理念和態度，像是明燈般指引著我接下來的方向。我感謝這兩位好姑姑，在我學習和創業途中，給予我最熱切的關懷和幫助，也期許自己，日後也能成為這樣，不刻意強求或強調，卻能溫厚、深沉地發出微光，照亮更多也想走上自己理想志業的朋友。

SCENE_ 小陽春與小陽餅

　　在小姑那實習了一段時間後，創業的雛型，也在每日往返一小時的車途中，隨著眼前一盞盞亮起的街燈而逐漸清晰，我回顧著自己在大學所學的「行銷策略」，以及研究所時探討的「品牌形象」，再運用自己一路累積的餐飲實務經驗及技術，籌備著自己的個人品牌。「建立品牌」的第一步，就是「命名」；取個好記又不繞口的名稱實在重要，她就像一個人的名字，會跟隨著歲月的推演和事件的累積，賦予這個人存在於世的定義。在小姑家學習的那段時間，我觀察到有一樣糕點，不僅在傳統節慶時大受顧客青睞，就連平日，也都維持著穩定的訂單，那項糕點就是「太陽餅」。一般人提到「太陽餅」，不免聯想到是臺中的名產，但卻不知道這項「Made in Taiwan」的糕點，從中部來到南部，技術及口味上卻有著不同的風味，中部的太陽餅內餡，以麥芽為主要食材，餅皮也為未塗抹蛋黃的純白色；而南部的太陽餅，除了麥芽外，會在內餡中添加牛奶或奶粉，營造更飽滿的奶香味，外皮則抹上薄薄的一層蛋液，烘烤出更接近太陽的色澤及樣貌。製作太陽餅的食材以乾貨為主，在產品製程前後的保存及

Mon	Tue	Wed	Thu	Fri	Sat	Sun
	Joy'in Kitchen 桂冠窩廚房 2015/12/01－2015/12/31			**1** 窩廚房♪嚐世界 親子 親子課程每組為1位大人+1位孩童 講堂 講堂為部分使用桂冠產品的創意美味食譜		6 窩廚房限定 **聖誕冬氛手工甜點烘焙** 時 間 14:00-15:30 響鈴價 $800 - - - 聖誕紅莓果苦甜布朗尼 外帶布朗尼緞帶禮盒 搭配 法國頂級Kusmi 歐費利亞桔皮巧克力茶
7	8 窩廚房限定 **聖誕冬氛手工甜點烘焙** 時 間 14:00-15:30 響鈴價 $800 - - - 聖誕紅莓果苦甜布朗尼 外帶布朗尼緞帶禮盒 搭配 法國頂級Kusmi 歐費利亞桔皮巧克力茶	9	10	11 暖男主廚 Marco **深夜食堂- 豬排蓋飯** 時 間 19:00-20:30 小品價 $800 - - - 蟛絲野菜佐柑橘醋 豬排蓋飯 搭配 日本清酒與啤酒	12 親子 親子樂廚行家 Wendy媽媽 **十二月寶寶生日派對** 時 間 11:00-12:00 壽星價 $免費(年齡3-12歲) (押金$300可抵其他課程‧產品) - - - 甜甜蜜蜜巧克力鍋 綜合繽紛鮮果串 烤彩蔬洋芋燒串 招待 當日現做手工蛋糕 - - - - 親子樂廚行家 Wendy媽媽 **職人小廚神的法式暖冬** 時 間 14:30-16:30 親子 親子價 $1600 - - - 暖心經典-紅酒慢燉牛哞哞 手工黃金雞蛋奶油麵 田園青瓜蘋果卷(示範) 適合年齡 8-13歲	13 暖男主廚 Marco **窩暖鍋 - 天上食堂的滋味** 時 間 15:30-17:00 暖心價 $1200 - - - 日式石狩鍋與葛粉 濃郁巧克力鍋 搭配 鮮果、棉花糖、湯圓
14	15 山東姥姥 **窩廚房 嚐世界-七十年的廚房生活** 「經典麵食篇」 時 間 10:30-12:30 傳承價 $2200 - - - 道地花素蒸餃 乾烙韭菜盒 黃瓜川丸子湯(示範) 都會廚男 Titan 講堂 **窩暖鍋 - 韓冬饗宴** 時 間 15:00-16:00 暖心價 $800 - - - 發熱Eat - 部隊鍋(內含牛肉) 韓式辣炒巧之雞(示範) 搭配 法國頂級Kusmi茶款	16 ET的酒食生活廚房 **悠遊歐洲酒食瘋聖誕** 時 間 19:00-21:00 聖誕價 $2200 - - - 丹麥風嫩煎魚三明治 搭配 丹麥熱紅酒 Gløgg 德式咖哩肉球 搭配 漢堡熱紅酒 Gluhwein 烤綜合融心起士三明治 搭配 維也納熱紅酒 Gluhwein 熱紅酒皆為示範	17	18 la Cocotte主廚 Fabian **鑄鐵鍋裡的法國 - 湖光山色之薩瓦省** 時 間 14:00-16:00 暖法價 $2200 - - - 煙燻培根沙拉 起司鍋佐法棍與馬鈴薯 夏布拉白葡萄酒 瑞布羅森乳酪 金牌獎師 阿愷 講堂 **窩暖鍋 - 戀戀和風** 時 間 19:00-20:00 暖心價 $800 - - - 經典鍋物-壽喜燒(內含牛肉) 香拌芝麻牛蒡(示範) 搭配 法國頂級Kusmi茶款	19 講堂 金牌獎師 阿愷 **冬日暖晨早午餐** 時 間 10:30-11:30 暖冬價 $800 - - - 法式暖晨薑菇鹹派 佐野菜鮭沙拉 季節鮮果千層酥(示範) 搭配 法國頂級Kusmi茶款	20 親子 創意造型行家 小栗姊姊 **歡樂節慶小廚房節** **雪花飄飄麋鹿鹿便當** 時 間 10:30-12:30 親子價 $1800 - - - 手作玩意 - 雪人趣趣走 雪中小麋鹿、小雪人造型便當 雪花飄飄濃郁白醬 請務必自備便當盒嗆! 適合年齡 5-10歲
21	22 冬至到~ **窩湯圓派對** 詳情請見 窩廚房粉絲專頁	23 Mr. Paco **金色聖誕窩海陸餐桌** 時 間 19:00-21:00 嚐義價 $2200 - - - 韃靼生鮭魚 威靈頓牛排佐紅酒醬汁 奶油蟹肉義大利餃 提拉米蘇 搭配 西班牙DOC老藤紅酒	24 窩廚房限定 **聖誕冬氛手工甜點烘焙** 時 間 14:00-15:30 響鈴價 $800 - - - 聖誕紅莓果苦甜布朗尼 外帶布朗尼緞帶禮盒 搭配 法國頂級Kusmi 歐費利亞桔皮巧克力茶	25 Merry Christmas!	26 窩廚房 **歲末派對** 詳情請見 窩廚房粉絲專頁	27 親子 享吃吧! Jessica 烘焙樂廚ABC **「歡舞聖誕叮叮噹」** 時 間 10:30-12:30 親子價 $1600 - - - 耶誕烘焙英文教學 甜心抱抱拐杖餅乾 小小薑餅人與糖霜彩繪 附精緻聖誕包裝袋 適合年齡 3-8歲
28	29 喜來登 素可泰副主廚 陳伯誠 **窩廚房 嚐世界 - 冬日泰熱情** 時 間 19:00-21:00 泰皇價 $2200 - - - 酸辣海鮮東洋羹(示範) 厚切月亮蝦餅 泰式炒河粉 招待 蜂蜜香茅茶 贈送 泰式香料一份	30 都會廚男 Titan 講堂 **窩暖鍋 - 歐陸圓舞曲** 時 間 15:00-16:00 暖心價 $800 - - - 白酒牛奶蚌酪梨鍋 法式燴雜蔬(示範) 搭配 法國頂級Kusmi茶款 金牌獎師 阿愷 講堂 **窩暖鍋 - 夕丸郎愛呷欸輝哥** 時 間 19:00-20:00 暖心價 $800 - - - 暖心絕品花雕雞鍋 一碟小涼菜(示範) 搭配 法國頂級Kusmi茶款	31 ＊＊本月限定特惠＊＊ **加友添福** 2人同行可免費再帶 1 位新朋友(限同1堂) - 窩暖鍋課程全系列 - 12/23(三)19:00 Mr. Paco「金色聖誕窩海陸餐桌」 - 12/27(日)10:30 Jessica「歡舞聖誕叮叮噹」(1組為1單位) - 12/29(二)19:00 陳伯誠「冬日泰熱情」 **珍愛窩廚房** - 單人報名三堂‧贈送 紐西蘭頂級初榨橄欖油*1 - 單人報名四堂‧贈送 義大利Piemonde Barbera DOCG Asti氣泡酒*1 - 單人報名五堂‧贈送 富蘭鑄鐵鍋*1 **Happy New Year!**		27...

金牌獎師 阿愷
冬日午後悠閒食光
時 間 14:30-15:30
暖冬價 $800
- - -
手作原味司康
佐鮮煮果醬(示範)
德式鹹香腸司康
佐百搭香料奶油
搭配 法國頂級Kusmi茶款

窩廚房課程包含:
- 精緻食譜卡
- 圍裙
- 講師示範解說
- 現場實作(標註「示範」者除外)

f 桂冠窩廚房

窩廚房耶誕禮盒,限量販售中!

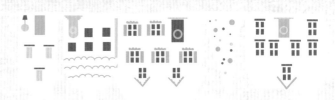

Season the happiness.

聖誕美饌

2015/12/01~2015/12/31

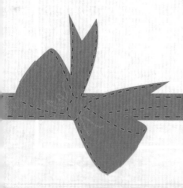

桂冠窩廚房
Joy'in Kitchen

Season
the
happiness

一起窩廚房，調味餐桌上的幸福時光！

Joy'in Kitchen
桂冠窩廚房

100 台北市中正區
羅斯福路三段126號之2
（捷運台電大樓站5號出口）
電話：(02)2365-1266
http:// joyinkitchen.com

f 桂冠窩廚房

捷運台電大樓站　古亭國小
羅斯福路三段
五號出口
師大路　辛亥路一段

第一次參與市集。

　　運送上，更有著蛋糕及甜點無法比擬的優勢。另外，姑姑做的太陽餅，是幾經嘗試、調整後的配方，早已與傳統太陽餅的風味不同，甚至有不少土生土長的臺中客人，異口同聲地說：「這比我們臺中的太陽餅好吃多了！」也讓我決定以這款「南部的太陽餅」當作主要產品。

　　研究了市面上知名品牌的命名原則後發現，若品牌名稱能和主要產品有所連結，會更容易讓消費者記得，所以我將「南部太陽餅」當作自己命名的靈感來源，逐漸有了「南部陽光」、「溫暖風味」的意象，以及「咬下一口糕餅，品嚐南部陽光的溫暖」之形容，腦中便自然浮現了「日蝕」這二字，姐姐更建議將「日蝕」改成「日食」，因為「詩經」中曾有「天狗食日」的記載，也頗符合我冀望透過傳統糕點的推廣，傳承在地的飲食文化的理念。記得在開設工作室前，受到一位憲兵學弟的邀請，到屏東一個藝文空間，與一群在地的年輕朋友，交流彼此返鄉創業的想法，在會談中我便舉了歷久不衰「馬卡龍」當為例子，討論為何法國能將傳統的糕點推廣至世界的舞臺，不僅老少咸宜，甚至還

小陽春日子女主人們。

被賦予時尚的意象，而回到臺灣，年輕人卻不愛吃傳統的臺式糕餅，覺得那是過年過節，用來贈送長輩的過時玩意兒。我希望將傳統的「太陽餅」融入新的元素，運用在地的食材，打造出不同以往的風味及色調，再將糕餅的尺寸縮小成1-2口便可吃完的大小，不僅看起來更為精緻可口，也可解決大多數女性「嗜甜卻怕胖」的矛盾情結，搭配著簡潔、素樸的包裝設計，這樣具有「文創」概念的「太陽餅」，或許也能讓年輕人耳目一新，更傳達出個人品牌的理念。而在這次的會談中，我認識了「小陽，春日子」的幾位女主人，她們也提出邀請，希望我能到不久後的「小字輩市集」中擺攤，分享自己的糕點和想法，或許更會有意外的收穫。附帶一提，這位當時邀請我參加會談的憲兵學弟—科呈，不久後也成立自己的影像工作室，更負責了此書大部分的食譜攝影。

　　那是個天氣和煦、氣氛慵懶的南國午後，我像拜訪親友般地提著一袋袋的禮盒，到了「小陽，春日子」，日式老宅裡充滿著懷舊物件和舊時記憶，屋外更坐擁一片青綠的草坪，由棧板所搭成的小舞臺上，有即興的不插電演出，席地

在屏東的一次神奇講座。

而坐的手作攤家和客人，彷彿共同繪製著在地文藝復興的圖像。而在這次的市集中，我認識了身為屏東人，也是即將成立的「三餘書店」店長—尚恩，分享彼此未來的計畫，也討論合作的可能性。而那天帶去的「太陽餅」，在大家的熱情捧場下銷售一空，女主人突發奇想地說：你在「小陽，春日子」初登場，這個太陽餅吃起來也不像臺中太陽餅，不如命名為「小陽餅」如何？

「那就叫小陽餅吧！」我笑著說。

RECILE

復刻蛋黃酥
約12枚分量

A｜水油皮

無水奶油：45克

水：45克

糖粉：12克

中筋麵粉：105克

B｜酥油皮

無水奶油：30克

低筋麵粉：70克

C｜烏豆沙餡

煮熟紅豆：400克

糖粉：150克

奶油：30克

麥芽糖：20克

鹹蛋黃：6顆

黑芝麻：少許

---

1 將無水奶油與糖粉拌勻，放入中筋麵粉及水以手指搯拌成光滑麵團後，放置常溫15-20分鐘使其鬆弛，切割成12塊水油皮。

2 無水奶油及低筋麵粉以手指拌勻，切割成12塊酥油皮。

3 將水油皮桿開成圓形，包入酥油皮後收口成一球狀，收口處朝下桿成似牛舌狀後捲起備用。

4 將煮熟的紅豆粒與糖粉一同放入食物調理機，並打成紅豆泥後，以細紗網篩成紅豆沙，再以濾布將紅豆沙包覆，用力擰出水分即成為紅豆餡。

5 鍋中放入奶油熱鍋，放入紅豆餡炒至豆餡吸附奶油後，倒入麥芽糖炒至紅豆餡成團不沾黏（約10-15分鐘），放涼後捏成12顆小球狀備用。

6 將油皮桿開後包入烏豆沙及半顆鹹蛋黃，表面刷上蛋液及黑芝麻，以170度烤25-28分鐘。

SCENE 過鹹水的甜點三輪車

　　「好特別的三輪車喔！這是怎麼改裝的啊？」我不曉得聽過多少客人，甚至是騎往市集的路上，停紅綠燈時，路人好奇地對我這樣問著。這臺被稱作「傑米號」的甜點三輪車，可以說是在與朋友閒聊過程中，意外擦撞出來的。在籌備工作室的當下，我同時思考著，製作完產品、制定了價格之後，通路和宣傳部分，又要怎麼進行呢？心中浮現了一個畫面，就是在每天的放學時分，總會出現一位阿伯，騎著改裝後的摩托三輪車停在國小門口，周邊圍著一群飢腸轆轆的小朋友，一邊嬉鬧、一邊吃著剛烤好的香腸，那種貼近在地的販售方式，我便開始發想：「有沒有可能我也來弄一臺三輪車，四處分享幸福的甜點？」，於是便展開一連串誤打誤撞、驚心動魄的「尋車之行」。起先我找尋的三輪車，是傳統那種，車身在前，拖曳著後方車廂的三輪車，有人用來載資源回收的雜物，也有人改裝成烤番薯的攤販，甚至後面擺個冰桶，就成為行動養樂多冷飲店，在「網路賞車」了一段時間後，我無意間發現了一款，國外稱之為Cargo Bike的歐式三輪車，與臺灣常見的三輪車不同，這款Cargo Bike的設計，

是以車廂在前、車身在後，也就是人在後方騎車，可以確保前方載送的物品沒有掉落或碰撞的可能性，甚至許多以腳踏車為主要交通工具的北歐人，還會騎著這款Cargo Bike載剛下課的小朋友回家，聽起來似乎有些不可思議，但歐式三輪車的特殊外型，以及融入生活的騎乘方式，確確實實地正中我想要的甜點販售模式。

　　我開始地毯式的搜索，這種歐式三輪車的下落，不論是去腳踏車行打探，或是詢問鐵工能否訂製類似車款，甚至是寫信給國外的三輪車廠商，是否有機會海運一臺過來，而所得到的回覆，不是價格太過高昂，就是需耗費太多時間，趕不上我迫切想要擁有她的決心。後來朋友分享了一則網路連結給我，是在臺南市有一間專門打造歐式三輪車的工廠，我即刻前往並發現，不僅工廠製作的三輪車車體和結構，十分相似於我在網路上看過的歐式三輪車，甚至車廂的設計更符合攤商所需，不論是改造成裝飲料的冰箱，或是做車輪餅的烤臺，都完全客製化地打造專屬於攤商的歐式三輪車。另外，每臺三輪車的車廂內都備有

一臺小型發電機，連接著LED亮板和行動音響，以及全自動的腳踏車踏板，根本不需要踩踏，車子就會奏著樂音、閃閃發光地自動前進了。只是，這樣的三輪車固然方便，車廂和車體的比例不算好看，過多的科技物件也使我感冒，更何況那種偷懶免騎的設計，更和我希望「腳踏食地」的初衷有所違背，而且造價不斐，完全超出了我口袋能負擔的數目。

又寫了一段時間的尋車日記，我終於在某個臺灣網站上，看見了一臺我心目中最理想的歐式三輪車，我便二話不說地寫了Email給對方，等待這位於臺北市的腳踏車設計品牌「企研所」回應。得知該三輪車為老闆從丹麥購入、海運來臺，當初買來純粹是自行使用，後來作為腳踏車展場擺飾之用，沒有對外販售的打算，我便進一步詢問，是否有可能請「企研所」為我設計及製作一輛類似的三輪車，對方以「公司重視智慧財產權，避免有仿造嫌疑」而婉拒了我的要求。過了幾天，一通以02為開頭的陌生電話打來，是來自「企研所」的紀小姐，在電話那頭禮貌地問著：

未組裝前的傑米號原貌。

「請問你這麼想買這臺三輪車,是想作什麼用的呢?」

「我剛開始創業,沒有足夠資金開店,所以想要騎著這臺三輪車,穿越大街小巷,販售自己手作的甜點。」

「那請問你方便開車來臺北將她載回嗎?」

「什麼!」我捏了一下大腿,確認自己不是在作夢。後來了解,原來腳踏車公司的老闆,當初買了2輛Cargo Bike,除了展示的那臺外,還有一臺從未組裝和使用,就放置在自家公寓,紀小姐與老闆討論後,決定以當初購入的6折價格賣給我,期望我成為一個好主人,陪伴她走過更多的風景,也祝福我的創業之路一帆風順。

在「打飯班」弟兄──士勛的陪同下,我開著租來的休旅車,意氣風發的一路向北,怎知好死不死,竟遇上了颱風天,斗大的雨滴落在能見度不到10公尺的擋風玻璃上,公路旁滿是被狂風吹落的樹葉和殘枝,前方的車尾規律地閃著紅燈,彷彿警誡著我創業維艱、小心謹慎。從早上8點出發,以60公里左右的時速

前進，好不容易在傍晚時分抵達臺北，連同我、士勛，以及腳踏車老闆，還有前來支援的朋友，幾個大男生分了好幾趟，使了多少氣力，才從老闆住處將三輪車的車體和零件搬出，安置在休旅車的後車廂，在天黑之前踏上歸途。

回到高雄後，我請木工將原先像「超市推車」的車廂稍作調整，釘上一層蓋子成為可以放置產品及操作的平臺，車廂兩側裝上活動式的層架，製造更多的收納空間，在車子移動前，便可將所有物件收入車廂之中，避免甜點及器具的碰撞和掉落，騎乘起來也較為舒適、快捷。另外，我刻意將車廂漆成藍灰色，希望營造海港意象和懷舊氣氛。「你買這臺車花了不少錢吧！有回本了嗎？」常有朋友這樣問，其實多久回本不重要，重要的是，她陪伴我走到鹽埕區的市集擺攤，進入駁二藝廊辦茶會，上到百貨公司樓層作快閃教學，前進校園參與園遊會，甚至遠到屏東的「小陽春日子」拜年。她存在的意義，已經不僅止於包裝盒上的浮水線條、名片的手繪圖樣，以及與我在報章媒體上的合照，某個程度來說，她不只是一臺歐式三輪車，她就是品牌，她就是「傑米」。

RECIPE

舒芙蕾厚鬆餅
使用不沾平底鍋

雞蛋：3顆　　　　　　　　　細砂糖：30克

牛奶：120克　　　　　　　　奶油：20克

沙拉油：10克　　　　　　　　蜂蜜：適量

低筋麵粉：140克　　　　　　莓果：適量

鹽巴：3克　　　　　　　　　糖粉：適量

1　取2個乾淨鋼盆，並將雞蛋分蛋，蛋黃部分與牛奶及沙拉油拌勻後，倒入過篩後的低筋麵粉及鹽巴，以打蛋器打至濃稠狀即成為蛋黃霜。

2　蛋白部分，分次倒入細砂糖打至直立出角的蛋白霜，再與蛋黃霜輕輕拌勻。

3　以油刷沾取適量奶油，並塗抹在不沾平底鍋上以小火加熱後，倒入麵糊並輕晃鍋柄，使麵糊成為均勻的圓形，蓋上鍋蓋悶煮3-5分鐘至麵糊成形、蓬鬆。

4　打開鍋蓋，將鬆餅翻面並續煎3-5分鐘後起鍋，淋上蜂蜜及莓果，撒上糖粉即可食用。

SCENE_ 飄著糕點香的獨立書店

在參與完「小陽，春日子」市集不久後，「傑米號」的樣貌也大致成形，我便在臉書上張貼一張「傑米號」即將完工的照片，當時在市集時認識的尚恩，便提出了是否有可能讓「傑米號」駐點於書店騎樓的想法。我們約在一間小咖啡廳，各點了一份甜食和咖啡，一邊吃著下午茶，一邊聊著彼此接下來的計畫。尚恩得知我正在找廚房作為工作室，便提到在書店的三樓，有一尚未規畫的空間，前身也是廚房，或許有機會一起到書店看看，甚至在書店開幕後，會將二樓規劃成咖啡店，而我所製作的甜點，也可以在二樓咖啡店販售。書店三樓除了有一間小廚房外，還有約莫20坪講座空間，會經常舉辦與在地文化、飲食及音樂有關的活動，屆時勢必會有餐飲方面的需求，或許我也有機會一併承接茶點業務。另外，「傑米號」則可停放在一樓門口，販售便於「邊走邊吃」的小點外，透過面對面與客人的介紹及交流，更有直接為品牌曝光、吸睛的效果。

三樓廚房的空間不大，初次造訪時就有著像回到自家廚房一樣的熟悉感，我

書店三樓的老廚房。

毫無懸念地決定,將這個5坪左右大小的空間,打造成「日食」的「起家厝」,即便當時完全沒料想到,日後的「三餘書店」和「日食」會長成現在的樣子。由於自己能運用的資金不多,購入「傑米號」時,又花費了近二分之一的預算,所以妥善地選購「必要的」生財器具便成了相當重要的課題。購入烘焙器具前,我先將閒置十多年的空間徹底的清潔,爬到流理臺上把牆面的油煙漬刷洗乾淨,再跪在地上用菜瓜布,將地板上陳年的灰塵完全去除,媽媽聽見過程後覺得不可思議,平時在家連碗盤都懶得洗的少爺,竟搖身一變為「貧窮貴公子」。

由於空間缺乏可收納物品的櫥櫃,放置大型家具亦會占據太多空間,思考過後,決定到IKEA選購釘於牆上的層架及層板,以及一個可將桌面延伸的中島,除了收納功能之外,看起來也頗為美觀。常有初次造訪廚房的朋友,都相當喜歡這懷舊的臺式廚房,布置著來自北歐的極簡風格。後來姑姑建議我,可以到她常去的一間烘焙器具行,採買相關器具,老闆收費公道、服務到位,是業界

相當推崇的店家，而好巧不巧，這間店就在書店後方的不遠處。果不其然，挑
選完一大堆的烘焙器具後，熱心的老闆和老闆娘一聽到我要創業，便以相當划
算的價格，半買半相送的方式為我結帳，日後也不時會關心我營運的狀況，散
步經過書店時，都會刻意停下來看看，三樓的燈有沒有亮著，放在三樓迴廊的
烤箱有沒有被雨淋濕。

　　那段籌備工作室的期間，我總是騎著機車東奔西跑，四處比價、採買、搬
運，記得一回閒坐在書店附近的便利商店門口休息時，恰巧碰見剛吃完飯出來
散步的二位，他們為我疲累的表情和消瘦的身形感到心疼，並提到日後若有需
要幫助的地方，可以盡管開口，獨自一人地離鄉背井、打拼事業的我，頓時感
受到溫暖的力量，和眼眶的濕潤。在某次前去採買器具的時候，恰好店內沒有
人，我頓時看見櫃檯桌面的玻璃墊下，貼著先前我接受蘋果日報的個人剪報，
甚至一回拜訪身為麵包師傅朋友時，朋友說：「我每次到那間烘焙器材行買東
西，老闆都會問你好不好？」我不知道老闆是怎麼知道，我和麵包師傅朋友認

書店二樓咖啡店。

識，甚至會不會只要有同行造訪，他便會詢問對方：「你認不認識那位在書店樓上的甜點師傅？」

　　每回來到書店工作，看見停放在一樓的「傑米號」，正盡責地招呼著客人好奇的眼光，便會回想起，自己當初是如何不畏風雨地前進，舉步維艱的開始這一切，而充滿咖啡香及糕點的二樓，則喚醒我期望推廣在地食材，述說飲食文化的初衷，更感念的是，當初或許誤打誤撞，邀請我來書店設立工作室的尚恩，還有那臺停放著三樓一角，當初從熱心老闆那，以售價的六折購入的營業用烤箱，彷彿是最可靠的長者，凝視、盼望著更多人與人最單純的情感交往，或透過文學及食物，找回與土地的連結，在這三樓的獨棟老屋中，滋長出一篇篇的動人故事。

SCENE_ 羈，誕

「油還不夠熱啦，魚還不能放！」

「就說不要亂翻，魚皮沾鍋了吧！」

「怎麼蒜頭還沒爆香就下高麗菜了？」

「蛋炒飯的蛋，一定要先炒到焦黃色後，下飯一起炒才會香！」

不知道何時開始，這幾句話就深深寫在我的「料理教條」中，不能逾越、無法抹去，儘管許多和長大後科班的訓練、職場的洗禮，自學整理的筆記相互衝突，我這些料理上的知識，都是從幫忙（其實是搗亂）媽媽準備晚餐而累積到的。媽媽是國小的「福利社阿姨」，她總在每早上班前準備好早餐，午休前最後一堂課趕回來做午飯，下班後再張羅晚餐，幾乎全年無休，在小學三年級前的記憶中，家人的三餐都是家裡飯桌上解決的，鮮少外食。現在回想起來，媽媽可以在每天辛苦工作的空隙，擠出時間和心力來照顧家人的健康，真是覺得不可思議！

媽媽的手藝算好嗎？「世上只有媽媽好」的主觀認知，我會形容成是「好入

口」的溫拿鐵，恬淡溫潤、順喉暖心（還健胃整腸咧）；怎麼說呢？有些訓練有素的廚師，專業程度不容置疑，料理手法和風格也帶有自己見地，就像一杯味道鮮明的義式濃縮，爽度爆表也自成一格；而一些自學而成的私廚，寫意的料理工序、無菜單式的個性配菜，以創作表達自己對諸事的見解，彷彿像是獨一無二的專屬特調，有著見仁見智的品味。媽媽是個個性溫和、質樸的人，就跟她做的菜一樣。她對於我創業後的生活，所關注的面向總在於「有沒有正常吃三餐？」、「你常熬夜加班，要多吃蔬果降火氣。」甚至對我同時從事的多種工作內容不甚了解，也常有以下類似對話。

　　我：「下禮拜要教做一道燉飯和甜點，家裡有沒有洋蔥？我想先試做一次。」

　　媽：「教人家做菜？你會煮菜喔？」

　　我：「你忘記我高中是念餐飲的嗎？還考過中餐丙級耶！」

　　媽：「那又不一樣！而且你平常在家裡也沒什麼在煮。」

我：「記得跟爸爸講，下禮拜二的高雄廣播電臺，會有我的專訪喔！」

媽：「這次上電臺喔？那你要講什麼內容？」

我：「就依主持人的問題來回答啊，可能跟高雄的飲食文化有關吧。」

媽：「真不知道為什麼一直有人要採訪你，你是要出道當藝人喔？」

我：「也不是啦，可能大家都好奇我的工作內容吧。」

媽：「我也很好奇耶！」

而爸爸對我的報導也有著不同看法，記得聽姐姐轉述某次我不在家，他們坐在客廳看有我的新聞時閒聊。

爸：「妳不覺得舟航上鏡頭不錯（看）嗎？」。

姐：「mm……」。

爸：「妳不覺得嗎？」。

姐：「我覺得本人比較好看，哦……有可能他平常在家一付懶蟲樣，對比之下顯得有人味出來了吧！」。

我的守護者與建言者。

三人：「哈哈哈哈哈……」。

姐：「媽覺得呢？」。

媽：「就我兒子呀，沒感覺怎麼樣耶！」。

姐：「妳不會想說跟朋友或鄰居分享嗎？」。

媽：「不會耶，這樣很奇怪吧！」。

　　如果說爸媽是扮演著我創業路上的「守護者」的話，姊姊則像是「建言者」，在我迷惘或過度樂觀的當下，給予我最一針見血的建議和提醒，雖然有時聽起來相當刺耳，但在反覆辯論和思考過後，通常也會遵循她的看法，做出最中性的判斷。姊姊跟我不同，是個從小到大，很少被老師和長輩責難、處罰的好孩子，看似柔弱、細緻的外表，卻有著堅毅的個性和無比的耐心。就讀師範大學初教系的她，曾在大三時到國小實習後，才了解到自己的個人特質，並不適合畢業後進入國小擔任老師，而出現第一次與家人產生歧見的狀況，也背離周遭朋友的認知，選擇投入公職人員的考試，為了不造成家裡經濟上的負

擔，她選擇一邊準備考試、一邊到麵包店打工，過著每天早上6點上班、下午補習、晚上回到住處繼續自修的生活，最後皇天不負苦心人，在姐姐考取教育研究所的第二年，也同時考取了高考資格，成為正式的公務員。而放榜當天，家裡牆上貼滿了來自鄉親們的熱情恭賀，騎樓也放滿了祝福花圈，滿室的紅，彷彿也稍微沖淡那段應考生活的灰暗。

我最常和姊姊聊天的時候，是在我駕車到臺南載她，一起返回六龜的路上，我們會討論時事、音樂、文化和自己創業遇到的狀況，她也常引述一些我沒讀過的文學作品，或是聖經中的禱文，並跳脫家人的身分，以旁觀者的角度，給予我更為理性的建議，或許在她心中，無論我獵取多少成就，也永遠是那個長不大的臭小子吧，最後總在回到家時，被餐桌上一碗暖呼呼的鮭魚味增湯，和一盤熱騰騰的什錦炒飯中，得到繼續下去的營養和慰藉。

通常，在得到訪談邀約或刊登通知的當下，我會在第一時間打電話回家報告，希望能讓家人感受到我在外的認真和努力，只因倘若我在日常工作或教學

給予我無條件協助的姊姊。

上，得到一些成就和回饋，我總得累積到久久回一次家，吃完晚飯、看完晚間新聞後，再一次傾巢而出，熱度彷彿也降溫不少。公務員家庭出身，面對他人美言及欣賞，得意忘形和虛有其表的行為是不容發生的，我也一再克制、保守內心，凡事應以平常心面對。只是，在掌聲與謝詞之際、喧囂與寂靜之間，興奮與疲憊之後，有沒有一雙眼會凝視著我的真心，有沒有一隻手會撫摸著我的背脊，有沒有一盞燈會照亮我回家的路；我知道答案，所以我一直往前走。

CHAPTER 2

旅行路上

不管是穿梭於產地與廚房之間，將蒐集到的地方食材，製成一道道甜品與料理；或是遊走於百貨公司與藝文空間，透過教學講座，分享來自地方的風土訊息。我希望將這一路經歷的故事，以及累積到的資源，搭建成一個「飲食平臺」，提供給想了解在地飲食文化的朋友，一個可以安心休憩的地方。

SCENE 可以吃的小說

　　「三餘書店」籌備期間，我同時規劃著接下來個人工作室的走向，其中主要營業項目之一，就是在書店的二樓咖啡廳提供甜點的販售和預訂。而要提供什麼樣的甜點、如何和書店的飲品搭配，同時又不牴觸到獨立書店的風格及定位，我花費了相當多的時間思量。在某次和書店的尚恩、小子聊天過程，他們隨口提了何不挑選一本書閱讀，再將書的內容和讀後心得，當作是某種啟發我創作的靈感，也就是將紙上文字沉澱成濃厚的味道，透過雙手的揉搓及溫度，再現於客人或是讀者的盤中及口中，這麼一來，甜點和文字這看似不相關的兩端，得以透過我的感受和創作，拉起一條柔軟卻緊密的線，牽動著每位讀者和甜點愛好者嗜味的心。

　　在選書上，坦白而言，我是個外貌協會，一眼望向的書牆上，有一本書二話不說地吸引了我的眼光。純粹而黑的封面，讓畫中獨舞女子的表情顯得深邃，穿著華麗卻戴著面具，彷彿不願讓人看透她眼神中的無奈和矛盾，只願音樂不會停歇，白晝永不到來，這本書就是《再見柏林》。書中背景是在二次大戰前

三餘書店開幕。

後的德國柏林，納粹黨的主政讓城市浸淫在風聲鶴唳的氛圍，階級、種族、財富、道德，就像那道聳起的高牆，阻絕了人與人單純的交往、信任，以及對愛的渴望和追求。來自英國的少女，愛上了作者化身的男主角，一位是穿梭在政商名流間的派對女王，一位是志不得申的同志作家，譜寫出這一段來不及告別的悲傷圓舞曲。

　　我在不刻意勉強進度的狀態，閱讀完了這本書，便是不希望緊湊的思緒和目的，攪亂了有機的靈感，而讓書中角色帶領著我，用不同味道的食材做成內餡，堆疊、表達出各自的個性和層次。甜點的底層和周邊，是酥脆卻無味的千層派皮，象徵這看似堅硬的政權，將人權的脆弱逼出了角落，在大街上放肆崩潰；內餡是拌進了咖啡酒的咖啡幕斯，就像夜夜笙歌的女主角，酒酣耳熱後的內心獨白，入口甜美，餘韻卻苦澀的讓人不禁皺眉；在甜點的頂端，我擠上代表絢爛、華麗的巧克力奶油，表達當代人民對物質及權勢的慾望，最後撒上可可粉，就像為這座城市的面貌，蒙上一層厚厚的灰。在創作出這款甜點後，書

文學與甜點的相遇。

店舉辦了一場「再現，再見柏林」的發表會，我便將整個創作的過程，述說給與會的朋友，最後也和大家一起品嚐這款「可以吃的小說」，也掀開了我後續舉辦講座的小說自序。

　　想必許多人也和我一樣，喜歡在平日悠閒的午後，帶著自己中意的書，到咖啡廳點上一杯飲品、一份甜食，度過一段個人獨享的私密時光，但有機會讓口中的甜點，和眼底的文字相互對話，使舌尖的味覺融合著文字的細膩，卻是我始料未及。這項甜點創作在媒體的報導和部落客的推薦後，造成一股小小的騷動，許多客人專程來到書店二樓咖啡廳，就是為了揭開這項甜點的神秘面紗，也一睹書中女主角冷漠面具下的熱切表情。甚至我在首次看見有桌客人一邊讀著《再見柏林》、一邊嚐著「再見柏林」景象時，皮膚便不自主地泛了雞皮疙瘩，久久不能平息。我一直很喜歡「耐人尋味」一詞，我認為「味覺」也常能牽動著一部好看的電影、一首動人的曲子、一本珍藏的小說，或是一段兒時的記憶、一位不再歸來的情人，和一個值得珍惜的遺憾。也期待著，或許在某個

再見柏林講座。

異地，某個悠閒的午後，某個他或她，在某間咖啡廳坐下，拆下了某本書的書腰、翻了幾頁後，在等待咖啡和甜食送來的短暫空隙間，會憶起曾經和某個她或他，一起尋找過某本小說的味道。

再見,柏林
Goodbye to Berlin

RECIPE

再見柏林
使用7吋塔模

A｜簡易千層塔皮

無鹽奶油：100克

中筋麵粉：160克

冰水：40克

糖粉：10克

鹽巴：2克

B｜咖啡餡

蛋黃：1顆 　蛋白：1顆

細砂糖：40克 　細砂糖：20克

鮮奶油：60克 　吉利丁：1片（選加）

咖啡粉：10克

咖啡酒：10克

C｜巧克力鮮奶油

鮮奶油：80克

巧克力醬：10克

咖啡酒：5克

1 將奶油從冰箱取出，切成長、寬約1公分的丁狀，維持冰涼狀態下加入麵粉、糖粉及鹽巴，並以手指輕輕搓揉成鬆散的細末狀。

2 將麵團放置桌面，分次倒入冰水，以掌心壓勻麵團，並以刮刀從麵團底部鏟起，避免沾黏桌面，反覆操作至麵團成形，即可放入冰箱冷藏備用。

3 麵團冷藏1小時後，取出並桿開成厚度0.2-0.3公分的圓形塔皮，放入塔模並於塔皮上以叉子搓出密集且平均的洞，避免塔皮烤後隆起，以攝氏200度烘烤20分鐘，至塔皮金黃、熟透即可放涼備用。

4 吉利丁片浸置冰水，呈現透明凝膠狀後取出；取小鍋將鮮奶油與咖啡酒煮沸後熄火，倒入咖啡粉及吉利丁片拌勻備用。

5 將蛋黃與40克細砂糖，以手動打蛋器打發至蛋液呈現較淡的黃色，並與**步驟4**的咖啡液拌勻。

6 將蛋白與20克細砂糖，以電動打蛋器打發至濕性發泡，蛋白霜會呈現亮澤且堅挺狀，分次與**步驟5**的咖啡蛋黃霜拌勻，即成為咖啡餡。

7 將咖啡餡填入放涼的塔皮之中，放置冷藏至內餡凝固；將鮮奶油打發後，拌入巧克力醬及咖啡酒，以擠花袋擠於咖啡派上端，撒上咖啡粉裝飾。

SCENE 不隔夜的檸檬蛋糕

　　書店剛開幕沒多久，當時二樓咖啡廳尚未正式營運，我仍在設計菜單及試做甜點的某個晚上，來了一群獨立出版社的社長們，和書店負責人討論後續進書的合作，在簡單閒聊之後，我便想著：「何不讓他們嘗試菜白老鼠呢？」（笑）。我相信以他們對文字的鑑賞和品味能力，應該也可以提供我最中肯的建議，成為我確定配方前的重要依據。回到三樓廚房，在一陣忙碌之後，我便端上了這款剛出爐、溫熱的「檸檬糖霜蛋糕」，沒想到意外得到了一致好評，當下直覺這群客人真是客氣，可能「吃人嘴軟」的道理吧（我必須為我的疑心病道歉）！甚至出現了：「這是我吃過最好吃的檸檬蛋糕！」、「臺北沒一間比這個好吃的！」的讚美，直到我偷偷觀察到一個景象，才讓我相信這是他們發自內心的話語。在大家愉快談話的過程，蛋糕數量也快速減少著，而其中一位出版社的子華社長，竟默默地將我切邊、放置一旁的蛋糕頭尾吃掉，然後閉上眼睛、不經意的點了幾下頭，當晚也直接向我詢問是否可以預訂並宅配，後來她便成為我最忠實的客戶之一，每每有新品推出，或是到高雄出差之餘，總

午夜巴黎計畫現場。

會向我預訂產品，並推薦給身邊愛好甜食的朋友呢！當晚席間的另一位夏民社長，詢問我是否有興趣到臺北，在他們舉辦的「午夜巴黎計畫」新書發表會上亮相，並提供當天活動需要的甜點，或許也可藉此機會認識更多同好朋友。

由於是第一次準備活動點心，許多細節要多加留神注意，像出發時間、運送方式、甜點種類和保鮮問題等，我決定製作幾款，沒有過多裝飾的甜點，一方面是希望大家可以品嚐較天然、純粹的味道，另一方面是顧慮到長途的運送過程，甜點容易碰撞、崩塌，而甜點裝飾的部分，可以到現場再執行，也增添一些即興的趣味。是說意外也巧合，當時書店二樓的咖啡廳開始試營運，我的甜點銷量也超乎預期地理想，一人工作的模式，常趕不及客人點購的速度，加班到凌晨成了家常便飯，而「午夜巴黎」活動的前一個晚上，我還在熬夜為周末要提供給書店咖啡廳的甜點趕工著。也因此決定並呼應著這趟壯烈的「午夜巴黎」旅途。我在活動當天的清晨五點，完成了幾款法式水果塔，以及德式巧克力蛋糕和檸檬糖霜蛋糕，另外也準備了剛上市的「再見柏林」，由於甜點數量

獨立出版社的社長們。

相當龐大，無法隨身帶著搭車，宅配運送更是來不及，為了確保甜點的新鮮和完整，我麻煩了當時擔任我臨時助手的憲兵學弟—修瑋幫我租了一臺車，並約定在當天中午出發，趕赴晚上的活動。

　　這是書店二樓開幕的第二個月，因為工作和作息的混亂，加上初次合作的壓力和不安，以及徹夜未眠的趕工，和修瑋快速吃完早餐，準備出發之際，我的腸胃竟罕見地出現狀況，肚子的食物不斷翻攪著，腦中也紛紛出現：「會不會趕不上啊！」、「甜點是不是都撞爛了！」的最壞念頭，更幾度在車上頭暈、想吐，一向喜歡長途開車、搭車的我，終於體會到不愛搭車的人那種「度秒如年」的痛苦折磨；好在修瑋接手大部分的駕車和聯繫任務，才讓我們最後順利抵達活動現場「南海藝廊」。當天活動氣氛相當熱絡且愉快，我也上臺介紹自己今天準備的幾款甜點，帶到了創作「再見柏林」的靈感和過程，並在會中認識許多藝文圈的朋友，得到相當正面的能量和回饋，而更重要的是，我學到了一個寶貴的經驗，儘管一切計畫、準備周全，永遠趕不上突如其來的變化，而

協助我的修瑋學弟。

這個狀況卻源自於我最信任的身體，肇因是我的任性揮霍。隔了幾個月，「逗點文創」的夏民社長，再度邀約我為新書發表會提供甜點，我也決定為這兩本即將推出的詩集：「光上黑山」、「幻肢」，量身創作兩款同名甜點，和作者及與會來賓分享。但這次活動所需的甜點數量和種類不像上回般繁重，我也可說是學乖了，提前一天將甜點製作完畢，活動當天輕鬆地揹著保鮮盒，提著輕便行李，搭上高鐵列車，打了個盹就到了臺北。

　　第二場活動結束不久後，我收到了二魚出版社作家朱國珍老師的來信，她說她研究所時期的同學，在其中一場活動中，被我所創作的「文學甜點」所震撼，也認同我的寫作能力，便主動向她推薦，並鼓勵我將自己的故事和想法寫下，用另一種創作模式去傳達一些訊息，甚至啟發想從事類似工作的朋友，最後得以完成了這本書，多了這段故事背後的故事。記得與國珍老師在高雄的一間咖啡廳達成共識的下午，我走在回書店的路上，不禁回想起幾個月前，在書店和出版社社長們的初見面，要是當天我沒準備檸檬蛋糕，要是蛋糕的口味不

　　夠理想，會有接下來的合作契機嗎？倘若我第一場活動，修瑋突然有事無法陪同，我又因身體狀況不佳而搞砸，還有後續的寫作機會嗎？想著想著，我頓悟了緣分的系統，以看似陰錯陽差的突發事件，安排著非比尋常的巧合，然後在某個靜心回顧的時刻，終於了解到這一切準備，彷彿天上的星星，在幾萬光年之前，已註定了軌道和方位，不斷於你我身邊徘徊，在浩瀚宇宙間規律地運行著。而我們所要做的，就是持續保守內心、心存善念、耐心等待，總會有那麼一天，會收穫自己人生中的使命，也將發現那值得投入奉獻全心的方向。

午夜巴黎聯名巧克力。

RECIPE

檸檬糖霜蛋糕
使用磅蛋糕模

A｜檸檬蛋糕

檸檬：2顆	雞蛋：3顆	
檸檬汁：15克	細砂糖：90克	
奶油：50克	中筋麵粉：90克	

B｜檸檬糖霜

檸檬汁：15克

糖粉：60克

1　將檸檬刨皮呈皮絨狀，並擠出檸檬汁備用。

2　奶油融化成液化奶油，倒入15克的檸檬汁與2/3檸檬皮絨，拌勻成檸檬奶油液備用。

3　將雞蛋放至鋼盆中，分次加入細砂糖，並以電動打蛋器將蛋液打發，直至蛋液呈現蓬鬆不易滴落的蛋糕狀，便可篩入中筋麵粉，輕快地拌勻成麵糊備用。

4　最後倒入**步驟2**的檸檬奶油液，與麵糊拌勻後，於模具四周塗抹奶油，並撒上少許高筋麵粉防止沾黏，於烤模中倒入麵糊後，抬起烤模至桌面上10公分高度後放下，將麵糊中較大顆的氣泡擇破，增加蛋糕的細緻口感。

5　以攝氏180度烘烤30分鐘，至蛋糕金黃、熟透後放置常溫約5分鐘後，趁熱將蛋糕倒扣、脫模即可。

6　蛋糕放涼的過程中，將15克的檸檬汁與糖粉拌勻而成檸檬糖霜，以毛刷均勻塗抹於蛋糕之上，撒上1/3的檸檬皮屑作為裝飾即可。

 **An apple a life**

在「三餘書店」開幕的那天，尚恩介紹我認識了蘋果日報的採訪組長—涂大哥，他相當好奇停在書店騎樓的那臺「傑米號」，以及我和書店的異業合作模式，閒聊了一會後，離去前留下了自己的名片，希望日後有機會可以採訪我，開心之餘我也反覆想著：「此時的我，真有什麼特別之處，值得被報導出來的嗎？」過了一段相當忙碌的日子，這樣的念頭就隨著那張名片，被收藏在皮夾的最深處。直到某天，陌生的電話號碼出現在手機螢幕上，是涂大哥的來電，詢問我合適受訪的日期及時間，並叮嚀當天需要準備的事項。那是在「再見柏林」發表後不久，「傑米號」也正式營運的當下，還有「小陽餅」也即將在年節禮盒的預購宣傳單中亮相。果不其然，涂大哥認為這幾項是相當適合採訪的亮點，加上尚恩先前無意間透露我的背景中，有一段「星光大道」的經歷，以及青年返鄉創業、運用在地食材等特點，讓這篇報導的主題定調為「個人專題」，介紹「我是誰、來自哪裡，要做什麼」。

採訪分成了三天進行，第一天是閒聊式的訪談，瞭解我的背景和餐飲經驗，

蘋果日報訪問。

影響我走上微型創業的緣由，和接下來想完成的目標等；第二天則走進了我的廚房，現場製作幾款具代表性的甜點，並交流了許多對於食品安全的知識和想法；最後一天的鏡頭拉到「傑米號」，模擬、拍攝我騎著它四處販售、推廣理念的畫面。在正式上報的當天凌晨，涂大哥傳了一封簡訊告知：「舟航，採訪今天上報，繼續加油！」。當時我還住在大寮的姑姑家，便立刻騎車衝到最近的便利商店，一口氣買了五份，坐在超商附設的座位上，深深吸了一口氣後緩緩吐出：「嗯，準備好了！」；興奮、忐忑的情緒透過指尖，晃動透著日光的報紙內頁，我不確定那種情緒是開心還是擔心，更不知道自己是否真的夠格，撐起這半頁的全彩報導，反覆讀了幾次後，將報紙小心摺好，自己留下了一份，其他的分別給了姑姑、烘焙材料行的老闆和一位相當熱心的熟客，最後也是最重要的，是準備在下周帶回家給家人看。

採訪見報後，工作似乎更顯忙碌，除了幾位知名部落客開始來訪書店咖啡廳，並將「食記」分享在網路平臺外，我也陸續接到許多公家機關的合作邀

型農本色季刊。

　　約，分別有高雄市農業局發行的「型農本色」，高雄市觀光局發行的「觀光季刊」，陸委會的「走臺步」邀稿，以及高雄市教育局、高雄廣播電臺的專訪，後續還再度為高雄市農業局拍攝了「一日農夫體驗趣」的微電影。另外，蘋果日報周末版的二次造訪，以「夏日輕甜點」的專題介紹我的產品，港都電視臺的「嘻哈高雄」節目，則以輕鬆的角度分享我的手作生活。2014年3月，服貿議題延燒的當下，民視新聞臺則希望我以微型創業者的角度，評估其對臺灣烘焙產業，和年輕人就業的影響。其中一段有趣的插曲，是「王子的約會」製作單位，多次來電邀約我上節目，而我是以路途遙遠、工作繁忙的理由婉拒了對方的好意。

　　或許對許多創業的朋友來說，一次次的報導就是最好的曝光機會，套句服貿議題中竄紅的話：「利大於弊」，但我常是反向思考這課題，要端出什麼牛肉來吸引饕客，才能讓記者和讀者覺得有趣，如何揚善藏拙，並藉此達到最好的推廣效益。而不是老狗玩不出新把戲般，反覆將類似的話語和產品搬出，久而

在地美食，讚

拍攝農業局微電影。

久之不免令人食之無味。在每次的報導中，我真正在意的並不是業績和知名度的大躍進，或是藉此哄抬身價、提高售價，而是當作難得的經驗累積和學習，如何在短短的幾個鐘頭、篇幅有限的文字敘述中，清楚介紹「我是誰、來自哪裡，正在做什麼」。其次在意的便是，照片拍得好不好看！

記得有次回到姑姑家拿東西，無意間看到二年前的第一份蘋果報導，半頁的報紙用封膜包了起來，印刷仍然清晰、鮮豔，對比著我自己住處那份已泛黃的摺頁，心中滿是感動。我逐漸明白，或許在多次的採訪中，我已學會在面對記者問題及陌生鏡頭時，如何看似自然地侃侃而談，為品牌及個人發聲；但對家人而言，它卻代表著截然不同的意義。所以，我決定讓這件「大事」，深深影響並監督著我日後的所有決定，不論將來自己如何發展，都要對得起這些報導的肯定，和因此認識我、相信其中美言的讀者們，並永遠記得「我是誰、來自哪裡，做過了什麼」。

RECIPE

焦糖蘋果塔
使用7吋塔模

A｜甜酥塔皮

無鹽奶油：90克	糖粉：15克
低筋麵粉：120克	蛋黃：1顆
冰水：15克	

B｜杏仁奶油餡

雞蛋：1顆	低筋麵粉：10克
糖粉：30克	蘋果：2顆
奶油：50克	細砂糖：適量
杏仁粉：30克	

1 將奶油從冰箱取出，切成長、寬約1公分的丁狀，放入鋼盆中，在冰涼狀態下加入麵粉、糖粉及鹽巴，並以手指輕輕搓揉成鬆散的細末狀。

2 分次倒入冰水及蛋黃液，並以刮刀拌勻至麵團成形，即可放入冰箱冷藏備用。

3 麵團冷藏1小時後，取出並桿開成厚度0.2-0.3公分的圓形塔皮，鋪入塔模中並於塔皮上以叉子搓出密集且平均的洞，避免塔皮烤後隆起，以攝氏170度烘烤15分鐘，至塔皮稍微上色、定型即可取出備用。

4 首先將奶油、糖粉、雞蛋拌勻，再加入麵粉及杏仁粉拌勻後倒入塔皮中，於內餡上方整齊平鋪切好的蘋果薄片，以攝氏180度烤焙20分鐘左右，直至塔皮金黃、熟透即可。

5 於放涼後的蘋果塔撒上細砂糖，以噴槍或二度烘烤3分鐘直至細砂糖融化即可。

 高雄最老的市集

　　書店開幕不久後的11月，「傑米號」開始在一樓騎樓亮相，並販售起我在三樓廚房製作的點心，而第一次騎著「傑米號」外出參與市集，則是在一個月後，由「蒲公英閱讀推廣協會」所主辦的「暖冬季」戶外閱讀市集。這次市集的所在位置，是高雄知名觀光地標，每到假日總是人潮洶湧、好不熱鬧的「駁二文創園區」，雖然事先已有所演練，希望嫻熟的操作流程能加快服務的速度，然而一抵達現場、張羅設備並開始販售後，還是無法抵擋川流不息的客人，理應是微涼的12月天，竟在一波接一波的排隊浪潮中，感受到腎上腺素的激進和艷陽高照的炙熱相互加溫著，三個小時無間斷的販售，直到甜點售罄後才發現，身上的廚師服早已在熱情的支持下溼透。為期二個月的周末市集活動，就像是個考前密集班，強力訓練著我的耐受力、記憶力，和臨場應變能力，幾次經驗下來，更讓我對流動攤販的業者，多了一股敬佩之意呢！難忘一次尷尬的場景，是在為客人結帳時發生。

　　我：「總共是205元喔，謝謝」；客：「好，這邊是505元」。

初次造訪新濱老街市集。

　　天才如我，當下直覺反應竟是將5元退還給客人，然後又另外找了295元的零錢給她，在場所有人都看傻眼了，而在助手的出手後，才挽救了這場算術災難。

　　而為符合無座位的戶外環境，飲食便利性的考量，我選擇提供「適合邊走邊吃」的小點心給客人選購，也耍了一點小噱頭，直接在客人面前「表演」；像其中之一的小點：「棉花糖夾心餅乾」，是取自戶外烤肉的概念，將整顆的棉花糖以烤肉叉串著，放在行動的小烤爐上加溫，直到棉花糖呈現焦黃、微融之後，立刻夾在事先烤好的兩片燕麥餅乾之中，二者合而為一，成了「傑米號」最受歡迎的產品之一，而許多小朋友喜歡看棉花糖被烤融、成為夾餡的過程，大人們也忙著替這場景拍照，讓等待的過程增添一些些樂趣。而「焦糖烤布蕾」的部分，則是在冰涼的法式布丁上頭，撒上少許的二砂糖，再以火槍近距離噴烤，砂糖遇熱溶化後，會在表面形成一層薄薄的糖衣，用小湯匙輕輕敲開並舀起微溫、酥脆的糖衣，和香草風味的軟嫩布丁一同入口，清涼卻濃郁的口

打狗文史再興會社。

感，成了少女們的最愛，甚至還有一位先前購買過的女性顧客，連續幾周都前來捧場，而且一次都是帶走五份以上呢！另外，還有現場用小烤爐加溫的「小陽餅」也頗受客人喜歡，記得一位婆婆當時好奇地買了一顆，現場吃完後又再排隊買了幾顆，並且告訴我：「我是『專門』在吃餅的，很多有名的餅店我都吃無『甲意』，但你做的好吃！」；另外也有一位年輕媽媽，每每總是一次買了十幾顆，說給她小朋友當下午零食，帶去學校方便，分量也好控制，小朋友更是喜歡吃。

隨著一月到來，「傑米號」也駛進了由「打狗文史在興會社」所舉辦，位於高雄最老街廓—哈瑪星新濱老街的手作市集，而這次市集的主旨，是希望號召對地方老屋保留及文史工作有興趣的朋友，透過遊逛手作市集的輕鬆方式，來到街廓中感受老屋獨有的沉穩魅力，而我在多次造訪市集後，也漸漸與這群對地方文化保存有著深切使命感的朋友熱絡起來，聽著他們分享著這一路走來的故事和歷程，內心滿是感動外，也開始關注起這座城市中，過去未曾留意而一

合作微電影的Fiona也來幫忙。

棟一棟漸漸消逝的老房子，及其背後的人文故事和時代意義。

　　高雄這座曾經因港口、工業、代工而繁榮起來的城市，在巨輪的轉動與大環境的變遷，原本蓬勃發展的產業已逐漸沒落，而近幾年來，政府正積極地將高雄型塑成以觀光、永續和文創為主軸的城市意象，出身、創業於此的我感受極深。重要的經濟發展牽動著人民的生計，現代化的科技產品及設施，也便利、豐富了我們的日常，但是否也減低了我們對世間諸事的感受能力，一切像是理所當然般地存在著。早已習慣使用的智慧型手機和筆記型電腦，其使用模式和目的，或許超越了半世紀前的人類認知所及，但人與人的溝通和往來的層次，真的有因此提升嗎？在經過「高雄最老的市集」洗禮後，泛起我一連串的反思餘波，甚至開始懷念起過去那個，親手寫信、黏貼郵票、等待郵差的年代，和為了等一通遠方的電話，廢寢忘食、足不出戶的美好光陰。

SCENE 菜市場博物館

　　由於先前幾次參與市集擺攤的經驗，也讓我逐漸適應，如何在面對眾多的人群時，能自在地介紹自己創業的初衷，以及製作產品所秉持的理念，並享受人與人交流時內心的踏實感受。其實「傑米號」的出現，一開始是希望透過「一步一腳印」的深耕，累積知名度和忠實客戶，也探索高雄各個地區中，多元的食材和產地故事，當作是有機的灌溉，茁壯「日食」的產品和文化。也讓品牌得以用一種較貼近大眾的「生活化」風格，走進人群、擁抱高雄。而由高雄市文化局所主辦，「火腿藝廊」協辦的「創意逛大街」活動，則讓這個想法有了更實際的執行可能。

　　「創意逛大街」的活動，是由「火腿藝廊」所承辦，設計、製作了高雄在地藝文空間的地圖和店家印章，希望參與活動的民眾，能透過親自走訪店家並蒐集章印，也對在地人文有多一層的認識。而「傑米號」受邀擔任類似「親善大使」的角色，因為「傑米號」的造型特殊，頗有吸睛效果，而「日食」的甜點在媒體的報導和部落客的口耳相傳下，也漸漸有了知名度，所以主辦單位便希

講座海報。

望透過「傑米號」的串聯，讓喜愛甜食的朋友，也有機會認識我們駐點的藝文空間，因此也敲開了後續和這些藝文單位的合作大門。

與「火腿藝廊」的合作，除了幾次的駐點販售產品之外，也曾配合藝廊的開幕及畫展主題，研發出多款別具巧思的創意甜點，而「傑米號」復古卻具設計感的外型，也在活動中奪取不少來賓的關注和鏡頭，讓充滿藝術氛圍的空間，因為手作甜食和「傑米號」的參與，多了一股平易近人的輕鬆。多次的駐點合作後，一次名為「菜市場博物館」的主題畫展中，承辦人員一四七(是一位身高147公分的嬌小女生)邀請我為該活動舉辦相關講座，也讓我實踐走入鄉野的想法。在以「菜市場」為主題的講座中，我介紹了高雄各地現有的果菜市場，透過與攤商的對談，瞭解從興盛到衰退的背景故事，也走入幾個產地，探討這些即將被送入菜市場販售的食材，其品種及栽種技術的演進過程，並實際運用這些蔬果，現場示範料理製作，讓大家共同參與「菜市場」的變遷脈絡。

順帶一提的是，可能因為活動當天的氣氛和環境相當舒適所致，在講座結

與一四七合辦講座。

束後，遲遲未見與會的朋友準備起身離開的跡象呢。就像在精采電影播映完畢後，總期待著片尾會有什麼額外的戲中戲的感覺吧！而這次講座的順利，也讓我開始對以「產地到餐桌」為概念的活動，在事前的資料準備和現場實演的掌握，有了相當正面的信心和回饋，其實在這看似「給予」的過程中，我同時也精進了自己對於相關內容的認知和技術，認識了更多農友、挖掘了更多食材，也「收穫」自己繼續前進的力量，更呼應著我在講座結束後，所寫下的這段文字。

從農村到森林，從海岸到城市，我們輾轉持得的寶物，都是透過母親大地的孕育，再由農友、漁民以及攤商親手奉上。不論是四時水果、牛羊豬雞、海鮮魚貝、滷味飯麵，甚至到五金雜貨、流行衣飾及日常用品，應有盡有、百味雜陳的小小菜市場，是我們躲進恬靜生活的入口，也是找尋熱鬧人生的出口。菜市場的演變，象徵著文化意義及文明變遷的價值，不論是特殊的地方飲食，市集空間的場域生態，再到土地環境與栽種技術的變革與精進，其背後的歷程與

與農業局合作的活動。

故事，都理當被當作貴賓般熱切對待；在以文創主義當道的高雄，對於菜市場
的視野，或許亦可透過生活美學、地方創意的長鏡頭來觀看。而這隨著季節、
地域而變化萬千的菜市場面貌，就猶如你我喜怒哀樂的人生表情，有過繁華興
盛，也體驗黯淡寂寥，不論什麼滋味、什麼顏色，都值得我們細細品味。

RECISE

香橙蛋糕
使用6吋蛋糕模

柳橙：2顆	雞蛋：3顆
柳橙汁：20克	細砂糖：80克
奶油：40克	低筋麵粉：100克

1　將一顆柳橙刨皮呈皮絨狀，並擠出柳橙汁；另一顆切成薄片備用。

2　將奶油融化成液化奶油，倒入20克的柳橙汁與柳橙皮絨，拌勻成柳橙奶油液備用。

3　將雞蛋分蛋，蛋黃部分與40克細砂糖打發，直至蛋液顏色變淡，便可與**步驟2**的柳橙奶油液拌勻而成柳橙蛋黃霜。

4　蛋白分次加入細砂糖，並打發成乾性發泡的蛋白霜，再與柳橙蛋黃霜拌勻，最後篩入低筋麵粉，輕快的拌勻成麵糊備用。

5　模具四周塗抹奶油，並撒上少許高筋麵粉防止沾黏，於模具底部均勻鋪入柳橙片並倒入麵糊，抬起烤模至桌面上10公分高度後放下，將麵糊中較大顆的氣泡摔破，增加蛋糕的細緻口感。

6　以攝氏180度烘烤30分鐘，至蛋糕金黃、熟透後放置常溫約5分鐘後，趁熱將蛋糕倒扣、脫模即可。

SCENE_ 遲到的年夜飯

　　話說許多「節日」，都是商人為了行銷產品而創造出來的；舉凡情人節吃「巧克力」，中秋節要「烤肉」，年禮送禮首選「鳳梨酥」等，層出不窮的「新傳統」打造著臺灣另類的飲食文化。而每逢這些重大節日，身為餐飲業者的我，面對龐大的禮盒訂單，一次又一次挑戰著我身心耐受的極限，寫下我一頁頁悲壯的「血淚趕單史」。在與「三餘書店」合作前夕，正逢中秋佳節，當時的我已初步規劃完成了自己的個人品牌，品牌包裝和主打產品的設定也逐漸清晰，便開始在個人的臉書及粉絲專頁上，放上自己用類單眼相機拍攝的產品照，寫了簡單的廣告文宣和產品介紹，排定了訂購和出貨的流程，準備在「中秋檔期」初試啼聲。

　　由於當時我仍住在大寮的姑丈家，姑姑也為了自己的訂單忙得焦頭爛額，但廚房只有一個，我做訂單的時段，就必須排程在姑姑工作結束後的晚上，這對糕餅製作上有的好處，就是夜深人靜、氣候涼爽，水油皮不易因天氣燥熱而出油、難以操作，我也能更專注地完成每日的禮盒訂單，白天則用來補充睡

禮盒包裝初版。

眠，並處理運送和客服的問題。除了7月在「小陽春日子」的擺攤經驗，這是第一次自己完整執行整個訂單流程，從採買原料、製作糕餅、封膜包裝到產品運送，以及確認到貨狀況和核對帳款等事項，都比想像中、紙上談兵的狀況複雜許多。舉例來說，製作一個烤盤分量的鳳梨酥，從打皮、包餡到烘焙完成，再將一顆顆烤好、放涼後的鳳梨酥，各別放入食品袋並壓膜密封，最後放入事先折好的牛皮紙盒中，黏好包裝紙、綁上蝴蝶結，完成包裝程序後裝箱、等待寄送。整個流程下來可以估算，製作一盤鳳梨酥所耗費的時間，大概在2個小時上下，以一天工作10個小時來推算，頂多是做5盤，一盤有60顆可分成5盒，所以我從晚上8點開始趕單，直到隔天清晨6點結束，頂多也只能做25盒的禮盒，而那年的中秋節，我總共接了150盒的禮盒訂單。看到這裡應該可以理解「限量是殘酷的」這句話，不只是對消費者而言，更是多少手作業者共同的難處啊！

　　記得當時主要的訂單，除了少部分是來自於7月到「小陽春日子」擺攤時所認識的客人外，大多還是以身邊的親朋好友為大宗，誠如「在家靠父母、出外

復刻 綠豆椪
與肥皮比例適中的酥皮油爆香後，調入少許的薄鹽醬油、五香粉及油悶酥烙非色澤及香氣，再和餡留的手炒綠豆沙混合成古早味內餡，包覆在酥層細緻的餅皮之中，我們摒棄古法製作程序、同時強調低糖、低油、低豐的健康概念，讓您一口咬下綠豆椪，同時感到滿滿的古早味和我們用心製作的溫暖。

相思 蛋黃酥
使用極西蘭進口的高級無水奶油製成餅皮，取代傳統的豬油、白油，不僅香味自然清香，更無傳統台式餅餡的油膩感，感恩來自廣東大宏的慢習手炒紅豆泥，包入了日本進去的，精作純福而油出油廠的本土鹹鴨蛋，於蛋黃酥上端最上慢的宣言啦的墨定廠。餅中卷餡的完美內餡比例，經當寶口的厚實酥皮口感，是值得細細品味的經典單品。

檸檬檬蛋糕
使用法國進口的頂級發酵奶油，並非傳統磅蛋糕的油酥比例降低，並優質的土雞蛋製作香提，在細緻中導入在地的新鮮檸檬皮碎及檸檬汁，於烘焙過程自然散發的檸檬香氣，盆佐海鹽一層的檸檬糖霜，這是源於日食金味典的兵器型點心之一，經於佑得您一嘆，這您如初初熟的香濃美好。

大梨土鳳凰酥
高雄大樹因地方上產肥沃、吳紡溫暖及來自治旋等條件，使得大樹地方所產的鳳凰酥。栽用沿著地、大樹的鳳凰堆頂最重新鮮出產，家農兵日土鳳梨餡果，不僅新鮮更味美無比；是質好的鳳凰餡的果糖感上走也地。也開到了「鳳梨之悌」的名美，我們的手數土鳳凰餡包象在天氣的冷酥的酥皮之中，那待與你共同分享近月土地的恩惠、和諧溫的感謝之情。

靠朋友」，除了自己家人之外，從我學生時期的朋友、當兵階段的同袍，到創業初期結識的友人，都不嫌棄（或不怕死？）地支持著我的品牌，在收到禮盒後也主動推薦給自己周遭的朋友，並將大家吃完糕餅後的意見和想法，整理、分享給我，當作是不停進步的參考，而我也深深感恩這分鼓勵，儘管連日因馬拉松式的熬夜趕單，和擔心客人評價好壞，所造成重度的身心折磨和疲累，在完成任務的當下得到釋放，回頭看待這一切，終於能微笑面對、雲淡風輕。

　　時序進入隔年（2014）的農曆年節，當時因媒體的報導和三餘書店的合作，讓品牌知名度和口碑的提升，直接反映在「年節禮盒」的訂單數量上，一次倍增到了300盒的上限。製作天數拉長到2個禮拜，而禮盒內容的設定上，區分成以「鳳梨酥」、「小陽餅」為搭配的「中式禮盒」，和「檸檬蛋糕」及「香蕉蛋糕」組合的「西式禮盒」，期望提供更多元的產品給客人選擇。在訂單流程上我參考了上回的經驗並作出調整，排定了10個出貨日，分別5天宅配、5天自取，也開始與宅配業者合作配送，壓低一些運送成本和風險，省去自行到郵局排隊

寄送的麻煩，自取地點則是位於書店的一樓櫃臺，協請店長代為處理。剩下的部分，就是產品的製作和包裝，我找來了一位對烘焙十分有熱誠，自告奮勇擔任助手的朋友，協助我備料及包裝，自己則更能專注在糕餅製作上，加快生產效率。之所以會承接到300盒的數量，部分原因是認為自己這半年來所累積的技術和產能提升得以勝任，另外就是因為自己開設工作室初期，營運成本和業績收入頂多打平，倘若能藉機累積多一些資金，提供日後進修、研發和行銷費用所需，必會減低相當程度的壓力，所以我告訴自己，無論訂單趕得多麼辛苦，這是品牌要長久經營的不二法門。當時我仍住在姑姑家，而為了節省1小時的通勤時間，我在書店的附近意外找到一間附設休息過夜包廂的網咖，包廂內有一張單人床和平面電視，旁邊也有公用的盥洗室提供客人梳洗，更重要的是，過夜一個晚上不到300元。我心想反正也不過幾天，換算我工作1小時的產出也划算，所以我就這樣度過了10天的「網咖生活」；每天常是工作到凌晨4、5點，回到網咖沖個澡、整理一下訂單，硬點了一碗泡麵當作一天開始的第一餐，吃了

過年期間回娘家到小陽市集。

幾口後就昏沉地睡去，直至天亮。

　　其實按照表排進度來走，是可以在除夕當天早上完成所有訂單的，只是因為有些客人在收到禮盒之後，驚覺當初訂的禮盒數量不夠送，或是得到朋友相當好的迴響而想代訂或加訂，在盛情難卻的情況下，我又加收了近50盒的訂單。然而，除夕當天助手已先行返家過節，而雪上加霜的是，宅配業者也開始休假，在迫不得已的情況下，只好先將家人和鄰居所訂的禮盒，挪給客人使用，在一早到郵局寄送完禮盒後，便趕忙衝回工作室，獨自完成這超額的訂單。一邊製作、一邊看著天色漸暗，而手機螢幕反覆出現家裡的未接來電，心中不由得悲從中來，這個時間大家應該都收到禮盒，開心的家裡吃團圓飯了吧？而我卻還在為所謂的「盛情難卻」奮鬥，讓家人「理所當然」的著急苦等著。完成最後一盒禮盒時，已過了晚上八點，最後一班往六龜的客運車也已駛出車站，家人便叫了一輛計程車，把我從工作室載回家中，面容憔悴、身心俱疲的我，終究赴上這一趟遲到的年夜飯。

　　又隔了半年，2014年的中秋節前夕，2位朋友有意與我合作中秋檔期的業務，並負責接單和客服，而我也視訂單量增加，增加了幾位機動的臨時工讀生，甚至許多客戶、朋友，在看了我臉書的忙碌狀態後，出自於關心而主動來到工作室無償幫忙。我的禮盒外觀也有所調整，從原先耗時、繁複的包裝，調整為簡樸、耐看的設計，除了節省包裝工序和時間外，一次製作較大量的紙盒，也降低許多包材成本，而在累積了上二回的訂單經驗後，終於完成500盒的「中秋檔期」挑戰。

　　這兩年來，從150盒到500盒的數量，從一周70小時到一個月2800小時的趕工，從1人血汗廚房到5人的小規模工廠，重點從不在數字的成長，而是一張一張的訂單背後，代表了無數朋友誠心的鼓勵和期待；一盤一盤的烤焙過程，加溫著多少心灰意冷的孤獨夜晚；一盒一盒的包裹寄送，也乘載了客戶面對外界食安問題忐忑不安的心。記得一次與友人的對話後明白，許多一路支持著我的朋友，並不完全是單純為了購買產品而力挺，而是看著並參與我的進展和成長，

最高紀錄，一天趕出80盒禮盒。

彷彿也給了他們一些力量，勇於追求自己的理想，而任何看似不可能的窘境，只要努力付出，總會幻化成人生中，不可抹滅的重要里程碑。

RECIPE

客家蘿蔔糕
使用2個磅蛋糕模

在來米：300克	水：100克	油蔥酥：15克
水：300克	豬絞肉：100克	鹽巴：少許
白蘿蔔：900克	五香粉：10克	白胡椒：少許

1 將在來米泡水，隔天濾掉水分後，與300克白開水一同倒入食物調理機或果汁機打成米漿備用。

2 熱鍋並倒入少許沙拉油，以中火將豬絞肉略炒至5分熟，倒入五香粉及油蔥酥調味後盛起備用。

3 將白蘿蔔刨成細絲，熱鍋後倒入適量沙拉油，將蘿蔔絲以中火持續翻炒至熟透後，轉成小火並倒入100克白開水稍微悶煮，待湯汁收乾後倒入**步驟2**之豬絞肉炒勻，並以少許的鹽巴及白胡椒調味。

4 一次倒入**步驟1**的米漿，並以小火持續翻炒至黏稠的米糊狀後熄火，取2個磅蛋糕模並於模具中上油，或是鋪以烘焙紙後，將米糊倒入模具，放入蒸籠或電鍋中，蒸一個小時左右，待蘿蔔糕熟透即可出爐放涼。

5 將蘿蔔糕切片，以油鍋略煎，待雙面上色金黃即可搭配醬油享用。

SCENE **客廳私廚**

　　經過「創意逛大街」的愉快合作經驗後，很快地便與「叁捌旅居」的主人Daniel達成共識，並開始構思、合作「叁食而麗」講座。「叁捌旅居」位於高雄最早繁榮的地區——鹽埕區，由於鄰近高雄港的地理和環境優勢，成為日治時期的貿易和軍事要地，舶來品店、戲院、高級百貨公司，促成了「崛江」的風華歷史，而二次大戰末期，大批的美軍駐紮此地，也雕琢出五福四路的酒吧文化。「叁捌旅居」的前身是Daniel奶奶所開的婚紗店，接續了這棟五層樓高的建築後，不像一般剛創業的年輕人，不惜重金、大刀闊斧地將老屋裝潢、「拉皮」；Daniel選擇找來自己熟識的設計、建築師合作，以自己期望探索、傳承在地文化的想法，「佈舊除新」地打造這個複合式人文空間，也讓「叁捌旅居」像一位即將成婚的新娘，穿上新的訂製婚紗，綻放著跨時代的動人笑顏。

　　計畫之所以取名叫「叁食而麗」，其實是Daniel的想法，一方面因為我們都是在近30歲左右，決定自己未來的事業方向，另一方面則是「叁捌旅居」和「日食」的組合，期望日後一起為高雄盡點心力、做點事。而「叁食而麗」講座的

叁捌旅居門口。

主要內容，是由我分享走訪高雄各個鄉鎮，所蒐集到的在地當令食材和人文故事，並示範如何運用這些「原料」，設計、製作出一道道最原汁原味的高雄風味，也期望大家可以透過我的產地記事，除了學到料理技術和飲食文化之外，對自己生長的土地能有進一步的認識和關懷。

講座設定為一季一場，2014年5月從「六龜」開始，我們在母親節前夕，為「六龜育幼院」的小朋友做了愛心蛋糕，並由我在返家時，為大家代送這分溫暖；也曾造訪「大樹」，了解在地的鳳梨產業和飲食脈絡，並運用名產：鳳梨和荔枝，製作了二款甜食，完成了這場酸甜的下午茶約會；接著來到芋頭的故鄉「甲仙」，以「微旅行」的概念，帶領大家認識當地特色店家及農特產，並使用在地食材—芋頭，現場示範三道料理的操作，來呈現它多變、百搭的面貌；而最近一次則是以「私廚」的概念，運用「美濃」多元、豐富的食材，烹調了前菜到甜點的四道料理，也更完整地呈現「產地到餐桌」的目的和精神。

而在最後一場「美濃記事」完成的當下，我回顧這一年來走訪各地的經歷

叁食而麗講座。

和回饋，心中百感交集。短暫休息之後，回到書店三樓廚房，把洗好的鍋具擦乾，調味料罐歸位，沒用完的食材裝妥冷藏，然後返回住家，把出門前只咬了幾口的三明治吃完，備課資料、食譜歸檔，打開冰箱喝了一瓶水，補充整天下來流失的水分和喉嚨的乾涸，趁洗溫水澡的時候，把一天下來的疲累、忙亂洗去，沉澱躁進的腎上腺素，讓思緒降溫、歸零。或許因為教學經驗的累積，和準備的過程中所吸收的知識及技術的增進，這一年來明顯感受到，不論是任何型態的講座或課程，報名人數都相當踴躍，額滿的速度也超乎預期，我無法用適當的文字去表達感謝。有些學員在課後，回家自己準備食材、依照筆記和食譜，動手做了一次，不論成功與否都與我分享成品的照片，或提出問題討論，都讓我十分感動。

　　而在每堂講座中，總有熟悉和陌生面孔，為著不同原因和目的交錯對坐著，每次走訪他處，一位位友善的農友和堅持理想的朋友熱心分享著，我多想花更多時間與大家聊聊、聽聽各位的故事和理念，只是每次時間有限，來不及

運用甲仙芋頭所作的三道菜餚。

說的，期盼有一種默契，在某個不具名的場合，終將得到答案；就像陳綺貞曾說：「永遠沒有完美的演唱會」。最後，要誠心感謝「叁捌旅居」開啟了這個企劃，並給予我相當大的空間和協助，去做我覺得應該要做的事，雖然從陌生到熟捻的過程，總是怵目驚心，也盼望大家原諒我偶發的辭不達意，只因亟欲將屬於高雄的美好分享給大家的迫切心情。

RECIPE

水果啤酒燉豬肉
使用Le Creuset 20公分圓鍋

黑啤酒：500克	豬五花肉：600克	大蒜：3-4瓣	黑胡椒：少許
高湯：200克	奶油：40克	紅蘿蔔：1根	迷迭香：適量
蘋果：1顆	蘑菇：50克	馬鈴薯：1根	百里香：適量
柳橙：1顆	洋蔥：1顆	鹽巴：少許	月桂葉：2片

1 豬肉切成大塊狀，並以鹽巴、胡椒略醃備用。奶油放置鍋中，以小火加熱，並將豬肉煎至表面金黃後盛起。

2 原鍋中放入蘑菇丁、洋蔥絲、大蒜末，以中小火炒至香味飄出後，擠入一顆分量的柳橙汁後，放入紅蘿蔔、馬鈴薯及蘋果塊翻炒至湯汁收乾。

3 一次倒入黑啤酒，再加入迷迭香、月桂葉、百里香及豬肉塊，煮沸後轉以小火燉煮30分鐘，直至鍋中食材相互交融，豬肉入味熟透後，便可以胡椒及鹽巴調味食用。

SCENE 百貨公司就是我的廚房

　　從廚房走出的計畫，在偶然的情況下，得到意外的進展。因為在一次「叁食而麗」講座後，參與講座的朋友分享了相關內容在臉書上，吸引了她擔任法國鍋具品牌Le Creuset主管的朋友關注，便主動詢問我是否有意擔任該品牌料理課程的示範講師，從此便展開我在高雄各大百貨公司Le Creuset專櫃的料理教學生涯。由於課程設定必須在二個小時中教二道菜，邊操作邊講解，也須預留一些時間讓學員試吃和提問，可以說是另類的廚藝大考驗，說真的，一開始因為相關經驗還不甚豐富，有時真不太好意思直視學員的眼神，或是詢問大家覺得口味如何、好不好吃之類的話。

　　其實我不斷的在找尋合適的講述方式，希望透過不同形式的講座、教學示範，去傳遞自己的理念，並協助推廣合作對象的產品。像先前的「飲食講座」，通常是設定在藝文空間舉辦，內容以「飲食文化」、「產地手札」為主，吸引到的客群自然是對該議題較為關注的朋友；而「料理教學」則是以技術傳授為主、食品安全為輔的內容，參加的學員多以對該合作品牌的鍋具使

Le Creuset教學現場總是熱鬧。

用、課程內容感興趣，而面對不同客群的喜好和習慣，要如何將原本對這個議題不感興趣的朋友，漸漸培養出對該議題的關注呢？其實很簡單，就是：手作。像我一開始在「叁食而麗」的講座，單純講述「飲食文化」和「產地旅行」，了解到許多學員私下反映講座內容較為嚴肅、正式，我便在後續的幾場講座，設定成1/2講述、1/2手作，以高雄不同地區為主題，介紹完當地的人文及農產後，直接運用當地食材做菜，這樣就可以同時吸引到對地方議題關注，以及對手作料理有興趣的朋友前來參與。

而在與Le Creuset合作幾次教學之後，我開始觀察學員的喜好，了解學員的需求，並調整自己教學的內容和方式，在每一次的教學結束，我會回顧自己當天的內容，並作為精進教學的依據。譬如我剛開始教學的前幾場，對鍋具的使用較為生疏，有時火侯控制失準，便會使鍋底有點燒焦的情況，我便向廠商借了鍋子回家練習，自己也在鍋子特性、使用、保養的注意事項上做好功課以利教學流程的順暢。了解到學員對甜點製作有興趣，但家裡不見得會有烤箱等烘焙設備後，

漢神百貨酬賓活動。

我著手設計容易上手、製作程序簡單,甚至是不需要烤箱也能作的甜點食譜。由於教學時間及過程緊湊,除了成品必須美味之外,我也必須就食材特性、操作重點和學員可能提出的問題做好準備,甚至可以在教學過程中,以輕鬆的口吻傳達「食品安全」和「飲食文化」的訊息,讓大家對於不同料理的飲食文化,以及食材背後的故事,都能略有了解。我通常會提前幾天先在廚房試作,確認口味和製作過程不會過於冗長而超時,並在心中演練過一次當天要講的話、傳達的訊息,以及鍋具操作上的注意事項,然後在每場教學中,除了固定菜色的示範外,也口述該菜色可以延伸的可能,讓來上課的學員可以多學到食譜上沒有的口味。我希望在這二個小時的課程中,大家不會覺得沉悶或無法專心,所以三不五時會分享一些作菜的小撇步,或是穿插一些臺語,增加一點趣味性和親切感。對我來說,每場教學的準備工作雖然繁瑣,但總能從學員的鼓勵中得到力量,尤其是他們還呼朋引伴的,一次又一次來上課,真的都讓我深受感動,也不時提醒自己,要不斷練習、進修、成長,練習成一個更好的自己。

在百貨公司舉辦甜點課程。

　　隨著來Le Creuset上課的學員人數不斷增加，我也開始受到該櫃位樓層主管的關注，後續便有不同百貨公司的企劃部來電邀約，希望與我的個人品牌合作，共同舉辦該百貨的大型行銷活動。像在2015年4月與漢神百貨合作的「傑米號快閃教學」、「20周年開店慶」，以及2015年5月與SOGO百貨合作兩場的「母親節手作甜點」活動，讓我的個人品牌，除了在DM中曝光外，斗大的活動看板也吸引著路過的民眾目光。相較於櫃位上示範，撇除觀看人數的增加外，大型活動的教學內容及流程更加複雜，需要耗費許多心力設計及準備，慶幸在館方的細心安排及工作人員的現場協助下，得以完成一次又一次的艱難挑戰。

　　記得完成某一場大型活動後，獨自駕車回家的路上，我不禁自問：「究竟發生了什麼事？」這些我曾經放鬆逛街的地方，曾幾何時竟成為邀約我合作的地方，曾是路過、偶爾看看熱鬧活動的我，現在卻成了在臺上示範的主講人。我突然想起在某年的母親節前夕，帶著媽媽到某間百貨公司逛街，希望能挑一套她喜歡的套裝，或是買個小有品牌名氣的包包，當作母親節禮物。逛了許久之後，媽

媽淡然的說：「百貨公司的東西都好貴，你不用送我什麼啦，有陪我逛街就很開
心了。」若有所思的我，也不知哪裡來的靈感，頓時許下一個心願：「總有一
天，我會讓高雄每間百貨公司，都出現我的名字，讓媽媽以我為榮。」

　　沒想到最晚想到的，竟然最早成真了。

傑米號進駐百貨公司。

SCENE_ 食安風暴

　　一波接著一波的食安議題，讓許多連鎖品牌的烘焙產品中箭下馬，業者忙著處理客訴和退貨業務而焦頭爛額外，消費者更是喪失信心，對大品牌所營造出的優質形象大失所望，彷彿是「真心換絕情」般被揉成一團、散亂一地的紙屑。其實「羅馬不是一天造成」，我相信不會有業者在創業的當下，就選擇以「黑心商品」、「暴利模式」為號召，「欺瞞顧客」、「以假亂真」為初衷，來打造自己的餐飲帝國。套句老話：「羊毛出在羊身上」，用來理解這樣的行為模式並不複雜。

　　做生意的人，永遠得面對的是一場場成本與利潤的無止盡拔河賽。在一般「正常」的情況下，產品「成本」通常會占產品「售價」的30%上下，而成本支出則包含了「人事費用」、「食材購得」、「包材耗損」、「行銷廣告」和「通路抽成」等要項，越是龐大而複雜的成本系統，所需耗費的金額也相對提高，「獲利」是品牌的基本追求，無可厚非，它可以支撐、壯大一個夢想，至於這個「夢想」的差別，就在於主事者對於創業的定義。以一個連鎖烘焙品牌

包裝中附贈的明信片。

來説，通常會在一地設立該品牌的中央廚房，方便大量、快速地出貨給該地的
各個門市，而「中央廚房」是個什麼樣的概念呢？通常會有幾位行政主廚，負
責一年到頭的菜單設計和新品研發，在完成配方後，再將配方中的製作流程和
步驟，分給幾個不同部門負責。舉例來説：今天主廚設計好「覆盆子乳酪塔」
後，會有甲部門負責煮覆盆子醬，乙部門負責製作塔皮，丙部門負責烘焙，丁
部門負責裝飾和包裝，構成連貫式的生產線，俗稱SOP。「降低成本」、「提高
產能」本來就是獲利模式的穩固之計，但有問題的地方也在於此，因為「魔鬼
藏在細節中」。

　　你知道訪間有些「乳酪蛋糕」裡面，可能連一丁點乳酪的成分都沒有嗎？更
別説「布丁」也不是用雞蛋作成，應該也聽過茹素者可食用的「綠豆椪」吧；
這些都是業者使用香精、糖精、色素、預拌粉及酥油等化學原料，魚目混珠
製成的產品，其目的就是大額度降低食材的成本開銷。俗稱「酥油」的人工奶
油，是由植物油氫化而成，添加色素和香精，仿造成天然奶油的口感和特性，

最草創期的簡易包裝。

是影響糕餅香氣和口感的重要食材，然而酥油卻挾帶著人體無法代謝的「反式脂肪酸」，經過學者研究證實，反式脂肪酸對人體的免疫和生殖系統會造成一定程度的負面影響，應避免食用；另外，香精、色素的出現，則是克服了新鮮水果和食材有季節性及不易保存的劣勢，滴上幾滴便能有同等的風味和鮮豔的色澤，在甜點操作上更是便利許多。類似的「替代性食材」不勝枚舉，之所以會充斥市場的原因便是：降低成本。

會造成食安問題，要檢討的面向當然不僅止於業者本身，大環境的不景氣，造就了消費者的斤斤計較，期盼以最低的價格購買到最划算的產品，也連帶促成了餐飲業者削價競爭的慘烈戰役；政府相關法規的疏失，讓不肖業者有機可乘，使用危害人體的化工原料，甚至在食品標示上含糊蒙騙，成為隱形的健康殺手，在利益與道德的拉鋸戰中，創業者的理念舉足輕重，但相對的，消費者也該有接受食安知識的權益和機會，所以相關的「推廣」及「教學」就成了一個重要的管道。

第一次自己出中秋訂單。

　　回歸理念，「烘焙」之於我，就像是「狗和主人」，有時我會希望駕馭它，期盼滿足成就，或是透過它去表達自己對生活的想像以及對味道的詮釋；但更多的時間，是它訓練著我專注和耐心，讓我知道食材安全和良心事業的重要，以及實踐友善環境和土地的行為，最重要的是「甜點應該是大家都吃得起」，而不是透過宣揚自家產品所使用的食材有多安全、多珍貴，期盼挑戰名店般的價位。「推廣」和「教育」方面，並不僅止於產品的分享，而是透過講座教學、粉絲團撰文，以及面對面和顧客互動，以輕鬆有趣的方式，讓消費者在活動中，吸收對於食安的有用訊息。甚至是走進校園，設計並執行一套食育課程，邀請親子共同參與，從自己下田種菜、手作料理，以及細細品嚐的程序中，體會大地產物的心意，也吃出天然食材的原味。

SCENE 文青甜點師

　　「文青甜點師」一詞，是源自一次「嘻哈高雄」的節目專訪中，主持人打趣地這樣介紹，在那次的節目中，主持人來到我位於「三餘書店」三樓的廚房，參與我製作了一款要送給育幼院的「愛心蛋糕」，然後聽我分享以「六龜」為主題創作甜點的想法，最後則是隨著「傑米號」到「叁捌旅居」的駐點販售行程而畫下句點。順帶一提的是，「嘻哈高雄」當時的節目主持人，恰巧是我新訓打飯班時期的同袍呢！節目播出後，隨著「文青甜點師—傑米」的字幕出現，我便好奇地檢視著自己和一般大眾所定義的「文青」的關聯。喜歡旅行、文字、關注地方及社會議題，也常出現在藝文空間、咖啡廳，甚至有點浪漫或悲觀主義，想了一下，以上特質看似吻合，但唯一不同的是，我是生意人，也是以此為業的資本主義者。

　　從成立品牌以來，我就一直認為，除了伴手禮和甜點等正規商品外，「傑米號」和「傑米」，也都是另類的商品，同等重要。所以有「傑米號出走」、「傑米號快閃」等和不同單位配合的行銷活動，除了販售商品之外，真正的目

出走路上。

的還是在推廣品牌的理念，和分享食品安全及飲食文化的重要性。與一般餐飲業者不同，我並不是一開始便從主流市場出發，像在鬧區開店、百貨公司設櫃，或與知名度高的網拍通路合作，這樣能迅速聚客的方式來吹響品牌的號角，反而是以個人工作室的方式，與三餘書店合作，將廚房設於書店三樓，舉辦相關講座和料理課程，在二樓咖啡廳寄賣我的甜點，一樓則停駐傑米號，偶爾販售伴手禮及小點。搭配傳統節氣的「季節限定」、以詩集創作的「文學甜點」、揉合風土食材的「閱讀農食」，探訪各鄉鎮的「傑米號出走」，以及與各藝文空間合作的「傑米號快閃」活動等，久而久之，漸漸在藝文圈有了一些知名度，也逐漸形成大家對我的印象。

從小眾市場、獨立工作室的方式創業，其實並不像大家想像中這麼浪漫。早上起來喝杯咖啡、吃頓悠閒的早午餐，翻完雜誌後查看當天訂單狀況，再決定要不要到工作室工作，常在旅行中找尋寫作和食譜靈感，身心狀態不佳就暫停行程。相反的，我可能因為草率執行一筆訂單，而造成客訴或影響品牌觀感，

我的產地手札是書店屋主留下的。

我也無法選擇客戶或訂單的數量,以免被説是大小眼;我沒有生病或憂鬱的權利,這樣我會買不起我的下一餐;更別説在合作活動中出包,廠商可能會將我列為拒絕往來戶,我常旅行,不過是為了趕場教學或辦活動,如果這樣也算的話。

追根究底,就是我沒有龐大的資金和充沛的資源,來讓我揮霍自己的個人喜好,也因為如此,我必須保守這些個人喜好,並將其磨練成一項專業工具,支撐起我的生活所需和志向所在,也必須精算成本和開銷,縮衣節食的將不必要的物質及享樂慾望降到最低,並設法發揮最大的個人效益,善用手邊「武器」,去獵取更多有利於品牌發展的經驗,才衍生出上述看似「文青」的特殊活動和產品。

在這自我鍛鍊的過程儘管辛苦,我仍深覺自己是幸運的,可以一個非正規方式自學而成的「野路子」,成為一位外界認定的廚師、講師,甚至是作家,做著自己喜歡並擅長的事,成立自己的品牌,並透過她向大眾發聲,傳達食品安

走訪他鄉採集資料與食材。

全和飲食文化的訊息，分享手作料理和在地風土的情感。

　　曾經有朋友問我，如果可以拋下工作半年，最想做什麼？我第一個念頭是，很老梗的出走到陌生的國度，最好是連英文都不管用的國家，學學當地的料理、甜點，每天早上去學校上課，下午去打球運動，然後傍晚用市場買回來的菜，做一些調味簡單的晚餐，在天色未全暗之前，到公園散步、聽聽音樂，睡前讀個30頁的偵探小說。第二個念頭是，騎著「傑米號」環島，把夠大的車廂載滿我的家當和器具，每到一個地方，可能幫當地農夫種田，可能用地方食材做菜，換得每天的開銷和住宿，撰寫一本不一定受歡迎的《產地旅行手札》。至於我是不是「文青」，一點都不重要，重要的是我誠實的面對自己的好壞，我是人生旅行中的波西米亞，也是踏實築夢的布爾喬亞。

RECIPE

我的藍莓夜
使用7吋塔模

A｜甜脆塔皮

奶油：80克

糖粉：40克

全蛋液：30克

麵粉：120克

杏仁粉：30克

B｜乳酪餡

奶油乳酪：130克

優格：40克

細砂糖：50克

全蛋液：30克

鮮奶油：20克

檸檬汁：5克

低筋麵粉：10克

C｜卡士達醬

鮮奶：130克

細砂糖：40克

香草籽：半根

蛋黃：2顆

低筋麵粉：15克

奶油：20克

藍莓：適量

1　將奶油退冰至常溫，加入糖粉以打蛋器拌勻，再全蛋液分次倒入，以刮刀拌勻；粉類過篩後，一次倒入與奶油拌勻即可。

2　將麵團冷藏1小時後，取出並桿開成厚度0.2-0.3公分的圓形塔皮，鋪入塔模中並於塔皮上以叉子搓出密集且平均的洞，避免塔皮烤後隆起，以攝氏170度烘烤15分鐘，至塔皮稍微上色、定型即可取出備用。

3　將奶油乳酪與優格拌勻後，加入砂糖、蛋液、鮮奶油打勻，續將低筋麵粉過篩後拌入，最後加入檸檬汁拌勻，倒入半熟的塔皮中烤焙20分鐘後即可出爐。

4　將牛奶、香草籽、砂糖煮至砂糖融化，降溫至60度後加入蛋黃、麵粉，以隔水加熱法，並不斷攪拌蛋奶醬預防燒焦，煮至濃稠後便可熄火並拌入奶油。

5　將卡士達醬平整抹於放涼的乳酪塔，並鋪上適量藍莓即可食用。

SCENE_ 歡迎光臨烘蛋星球

　　2014年的秋天，由文化部所主辦的「衛武營玩藝節」，廣邀了在地的藝文空間主人們舉辦多場講座，我有幸受邀並參與其中，也與其他有著相似理念的講者，有了進一步交流的機會，而其中聊得最多的就是「可萊歐小商行」的女主人菁珮。

　　曾就讀藝術行政的她，有獨到的美學觀點，挑選合適的手作職人合作，在店內販售生活雜貨，也舉辦簡易木工課程，最讓我敬佩的，便是她願意投資具有潛力的藝術家，給予他們舞臺發表作品，也將插畫延伸出貼近生活的隨身小物，即便常聽著她分享自己創業艱辛的過程，擔心入不敷出的收入，無法繼續這件她喜愛的事。其實不難想像，以寄賣的合作模式，多少會壓縮到雙方的利潤，假設供應方無法持續提供品質穩定和需求數量的產品，或是販售方無法做有效的宣傳和推廣而導致產品滯銷，雙方的合作必然會面臨挑戰，尤其「手作雜貨」的製作，通常只能小量產出，且原料和成品的進貨成本高，對於雙方的獲利更是難上加難，而面對這個情況，我完全可以感同身受。

玩藝節講座。

　　其實在創業初期，得到一些報導之後，便有幾個知名網路平臺的業務專員前來洽談，希望我可以上架自己的產品在對方的網站上，由他們負責曝光和行銷，並抽取部分利潤作為酬庸，可以透過部落客的分享和網路評價，逐漸累積在「團購界」的名氣和客戶，甚至成為「網路名店」。在雙方幾次討論過後，覺得合作極具可行性當下，總會停滯在最後一個無法解決的問題：

　　「江先生，以我們過去協助曝光、販售的業者來看，平均業績成長了40%~60%喔！我對你的產品很有信心，因為之前也是同事品嚐過後，極力推薦我來拜訪你的，我相信會有比上面數據更好的成績！」

　　「真的嗎？謝謝你的信任，那請問我出貨部分如何配合呢？」

　　「我們會有協助配送的業者，到你工作室取貨，然後直接宅配到我們公司，再統一宅配至訂購者家中，可以省去你自己運送的麻煩；另外，以我們過去的經驗來說，基本上一天的訂單量是100盒起跳，請問你這邊一天可以提供多少盒數呢？」

「頂多30盒吧！」

「……」

其實後來想想，覺得沒合作成功也好，因為那不是適合我的通路和市場，基本上會選擇「團購」或「網拍」的客人，通常會抱持著嚐鮮、划算的動機，來比較各家的商品，所以業者必須不斷推陳出新、壓低售價，來成為吸引消費者購買的要素，這恰巧是我短期間無法突破的困境，我的「一人工廠」少量製作，怎麼抵擋得了「中央廚房」大量出貨的攻勢，再者，相關人事、食材成本已占了售價近30%比例，扣除掉通路抽成，實在沒有辦法再釋出更多的折扣空間了。後續更有百貨公司行銷主管前來洽談，是否有意至該百貨設置櫃位，姑且不論假日的人潮，光周年慶那一個月人山人海的景象，絕對可以讓人氣旺旺來、業績強強滾！但聽到櫃位租金和抽成後，以小弟還不夠厚的皮夾來看，只能「謝謝，再連絡」。

以上述經驗來看，除了挑選合適的合作通路外，找到「獲利模式」更是我們這類「微型品牌」和小型商家最重要但也最常被忽略的要事。以「日食」來

現場分享甜食。

說，書店三樓有舉辦料理課程，二樓固定販售甜點，一樓有節慶的伴手禮盒，傑米號偶爾可以參與市集或活動，加上網路自接訂單，收入足以支撐1-2名的助手薪水；個人部分，則是可以透過與其他單位的活動及教學合作，得到額外的經濟收入。

　　或許在不久的將來，有了品牌的獨立空間後，進階版的「日食」獲利模式，會是販售運用在地食材所製成的產品，透過與藝文空間與百貨公司的合辦活動，達到宣傳及曝光的效益，同時在店內空間設櫃並廣邀在地小農，共同成立「小農合作社」，並透過料理課程推廣相關農產品，甚至舉辦與「飲食」相關的文學分享、攝影展、電影會及私廚派對等活動，藉以獻上對顧客及社會的小小回饋心意；最後，不論「獲利模式」如何多元豐富，最終還是會回歸到「產品」本身的品質，唯有把持好糕點的品管，以及教學內容的用心，客人和廠商才會「呷好到相報」的反覆光顧，甚至在後續效益的延續下，增加更多的訂購及合作機會。

RECITE

鮭魚蘑菇鹹派
使用7吋塔模

A｜鹹派皮	B｜內餡	C｜醬汁
無鹽奶油：70克	去骨鮭魚：100克	全蛋：1顆
無水奶油：25克	蘑菇：50克	蛋黃：1顆
鹽巴：5克	洋蔥：30克	動物性鮮奶油：60克
糖粉：10克	花椰菜：40克	鮮奶：60克
雞蛋：1/2 顆	馬鈴薯：40克	荳蔻粉：適量
鮮奶：15克	黑胡椒：適量	鹽巴：少許
低筋麵粉：110克	義式香料：適量	
高筋麵粉：60克		

1　將無鹽奶油及無水奶油拌勻，加入鹽巴及糖粉略為攪拌後，倒入蛋液
　　及鮮奶拌至蛋糊狀，一次倒入麵粉並以指尖輕抓製成團，冷藏30分鐘
　　備用。

2　將馬鈴薯與花椰菜一同燙熟後撈起備用。起油鍋將洋蔥及蘑菇末爆
　　香，後入鮭魚一同拌炒，再將調味料及綜合蔬菜倒入微炒後起鍋。

3　桿平（約0.5公分厚）派皮後入模，並在派皮上戳洞、烘烤，以190度
　　烤15分鐘，出爐後趁熱抹上蛋白液。

4　將醬汁中的所有食材拌勻後，於烤至定型的派皮中鋪滿餡料，並倒入
　　醬汁，再以190度烤25分鐘，出爐後趁熱食用。

SCENE_ 到處都吃得到的點心

　　「烘蛋星球」的發表會中，我認識了提供場地的「有・咖啡」兩位主人，彼此年齡相仿，又同為小型商家的主事者，在相談甚歡之後，便有意邀請我合作。其實現在咖啡廳的經營模式相當多元，除了固定營業日之外，另外還有「包場」服務，提供場地給一些公司來舉辦「說明會」、「定期聚餐」，或是大型的「生日派對」，甚至協助新人完成「求婚儀式」以及「相親團」呢。店家除了希望我提供甜點之外，有些包場服務也需要提供較多元的點心品項，所以便展開除了「三餘書店」之外，第二個實體通路。另外，在朋友的引介下，又認識了另一間早午餐店「菽」的兩位女主人，希望我提供甜點給她們的客人有主餐外的另一種餐點選項。

　　有趣的是，這兩間店家，分別是由兩個男生和兩個女生所共同經營的，從開店前的菜單設計、空間規劃，到開店後的餐點製作、桌邊服務都自己搞定，一內一外的分工合作，也省掉聘請員工的額外開銷，發揮了1+1大於2的最大效益。在多次閒聊之後，瞭解到他們其實都有製作甜點的能力，也曾與許多甜點供應

商接洽過，之所以最後選擇以「外包」模式與我合作，完全是基於彼此的理念接近，和對「手作」的那分堅持，這也呼應了我先前提過關於品牌理念和形象的重要性。

我們的互動不僅止於生意上的交往，私下也常會交流對創業的想法，以及對生活的想像；像是討論如何舉辦一些主題講座，分享、傳遞自己開始這一切的信念給長期支持的客人，也當作是回饋給他們的禮物。另外，我每到重要節慶，要趕大量訂單的時候，她們也會在第一時間提供支援，也常叮嚀我這個工作狂，要注意生活作息和飲食均衡，透過所謂的「合作」，不僅讓「日食」多了二個販售通路，更讓我個人多得了四位互相關心、鼓勵的朋友。

另外，「團隊分工」及「尊重專業」的概念，也是我在合作中得到的啟發，套句臺語老話：「有些錢本來就是要給別人賺的！」一次與公關公司老闆聊天的過程，他詢問我是否有經紀人，我才開始認真思考這件事的必要性。像之前邀約課程或講座的單位窗口，通常會直接聯繫我，在多次討論細節並確認合作

後，我就必須依照對方預算和主題，研擬出合適的授課菜單或演講題目，準備相關內容和器具等，這個時候倘若有一位協助管理我個人行程和發展進度的經紀人，必定會省掉我許多麻煩和時間，甚至替我過濾一些因雙方時間衝突或場地設備受限，而不適合承接的合作或活動，讓我能更心無旁鶩的準備和執行，做出適合品牌發展的決定。

另外，隨著個人活動的場次日漸增多，助手的加入也越顯重要。以「日食」這個個人品牌來說，若要更具規模性的發展，就勢必從訂單接洽、進出貨掌控、網宣客服到產品製作等流程，更系統化的安排；而我個人活動方面，若有助手協助採買食材、張羅器具，甚至在場協助記錄、掌控突發狀況，也可以讓品牌的相關業務達到事半功倍的效果。但助手的挑選和培訓，更是一門學問，常聽到業界同行說到，常常好不容易訓練好一個願意長期合作的廚房助手，也將部分任務託付於他，卻突然在某天無故消失，不久後竟然自立門戶的開了店，並販售先前在廚房學到的料理，令人感到十分無力和灰心。對於我們這

和「萩」合作的甜點。

樣的微型品牌，從老闆到員工，身兼數職、超時工作的情況經常發生，職權劃分也相對模糊，所以在應徵助手時，我覺得對料理有熱誠相當重要，才能堅定地對目標做出承諾，經驗不見得豐富也沒關係，才能像塊海綿般不停吸收、學習，相關規定和契約的制定，或許也能使一些不利於品牌發展的風險和問題降至最低。從「合作」到「分工」，從「經紀人」到「助手」，人與人的相處，永遠是門學不完的課題，但我在實際遭遇一些狀況後，所學會的道理便是：白紙上的約定，不是錙銖必較的綁人條約，而是對彼此的才華和理想做出承諾，並讓其像黑字般恣意揮灑。

SCENE_ 來野餐吧

　　曾幾何時，「野餐文化」飄洋過海，來到臺灣落地生根，可從這兩年大大
小小的「野餐活動」、「野餐日」，甚至是相關書籍的出版，觀察其方興未艾
的跡象。在一次與劉怡君教授及學弟妹對談中，我提出了「野餐在地化」的構
想。一般人聯想到的「野餐食物」，大多傾向於西式的三明治、杯子蛋糕，搭
配著咖啡或紅酒等飲品，倘若能運用更多在地食材，製作出具地方風味的野餐
小點，再搭配由臺灣土產的茶葉或果醬，沖成一壺壺冷泡茶及調飲，或許會更
有地方情懷。另外，若能將進口的名貴野餐籃，換成在地耆老手作的藤編籃，
在店家購買的野餐墊，則以原住民的手織圖騰布取代，並透過相關活動的舉
辦，或許能喚醒參與野餐活動的朋友，對在地文化及市區綠地的重視。「開這
樣的一間店好像也不錯！除了販售野餐食物及相關器具，三不五時舉辦野餐活
動，甚至邀請講者及表演團體參與，應該會蠻受歡迎的吧！」我曾動過這樣的
念頭，但卻躲不開「我不太歡迎太受歡迎的東西」的自我意識中。

　　在與鳳山的「可萊歐商行」合作活動不久後，經由女主人—菁珮介紹，認

第一次主辦的「開始派對」。

識了同在鳳山創業的另一位女主人—真真，有趣的是，她開了一間叫做「有野餐」的餐飲店，店內販售早午餐，以及手作的野餐小點心，設計相關科系畢業的她，將店內打造得相當溫馨，室外更有一片庭院，時常舉辦手作市集，並邀請手作攤商及街頭藝人前來參與。與真真聊了許多關於彼此創業的想法後，我略帶感嘆的說到，當初希望騎著「傑米號」四處分享甜點的初衷，已經被日常繁重的工作內容壓得喘不過氣，「傑米號」也有了新的任務，便是成為「大誌」伯伯擺攤時的展示平臺，雖然某個程度來說，也算是貢獻自己的一些心力，給社會上需要幫助的朋友，但是不是有一種可能，讓更多需要平臺的朋友，得以分享自己的作品，以及開始這一切的心聲。我回想起幾次自己參與市集的經驗，由於「傑米號」的造型特殊，搭配上限量的手作甜點，往往在停完車不久，張羅著產品的同時，就已經有一群人包圍著「傑米號」，一邊拍照、一邊排隊購買，在大家的熱情支持下，甜點也通常會在市集結束前完售，但周邊的手作攤商卻顯得生意冷清，甚至當天所販售的金額，還不夠支付主辦單位

收取的攤位費用。

　　幾次討論過後，我們決定合辦一場活動，除了邀請手作攤商及表演團體外，也請各位小主人們，在一張紙條上，寫下自己開始這件事的初衷，期盼透過「故事紙條」的傳遞，分享更多正面的力量給與會的朋友，共同追求自己的理想生活。另外，我邀請了「打飯班」袍澤—尉天共同參與，運用他擅長的「擴增實境」技術，將紙條轉化成影片播放器，只要將手機的內建鏡頭對著紙條，就可以看見這位紙條的小主人先前錄製的一小段影片，而這樣罕見的結合方式，除了讓前來參與的朋友驚喜連連，甚至得到當地媒體的報導呢。工作分配上，「有野餐」的真真，負責場地的布置和硬體的租借，「可萊歐」的菁珮負責攤商的邀請以及粉絲團的宣傳，而「火腿藝廊」的一四七，則負責紙條的蒐集及動線的規劃。我除了統籌活動、串聯資源外，身為主辦人中唯一的男性，還要扛起「苦力」的重擔，我從家裡做水果批發事業的朋友那，借來了一臺三噸半的貨車，好在念研究所時，有開過2年的手排車經驗，才得以完成所有活動

傑米號的活動宣傳。

器材的搬送工作，而當天的活動，在各方人馬的支援及協助下，以及老天爺賞賜的風和日麗中，完滿結束。

這次的活動，除了讓我認識更多「同路人」外，也意外累積了承辦活動的經驗，從活動主題的構思、活動內容的安排、活動時間的規劃、活動動線的配置、活動人員的邀請、活動宣傳的執行等，建立了完整的SOP流程，也反映在日後與其他單位合辦的活動中，能更有效率地完成每個階段的任務。

SCENE 老Pie教室

　　在累積了一段時間的料理教學經驗後，一向關心地方風土，同時為「三餘書店」負責人的朋友——謝一麟，向我提出了在書店三樓的講座空間，舉辦料理實作課程的想法。這項計畫名稱為「閱讀農食」，主要以傳統節慶及飲食文化為主題背景，並將在地的當令食材，融入料理課程之中，讓與會者在實際的操作過程中，了解地方風土的故事，感受人與土地間的連結。有了初步共識後，我便著手進行硬體設施的張羅，而一麟則是在文案及主題發想上提供協助。由於三樓的講座空間，並非專業的料理教室，所以必須在課程的學員動線、使用器具，以及操作流程上審慎的規劃。我們決定運用現有的折疊式長桌，擺上10具從IKEA買來的大型砧板，作為學員操作的工作檯，另外，東拼西湊借來的5座卡式爐，則在課程中需要加熱食材時使用，另外，更為每位學員各自準備了一套，包含：鋼盆、刮刀、打蛋器、模具等烘焙器材，連課程當天所用到的食材，也都提前為學員秤好、裝袋；我們一心希望，透過更用心的課程安排，能稍微彌補非專業料理空間的侷限。

閱讀農食課程。

　　在教學方面，我一直很努力，期許自己能成為一位專業的料理講師，一部分原因來自於我過去不好的學習經驗。記得2014年3月，我報名了某間料理教室的課程，不久後我的阿婆離開人世，課程正好在服喪期間舉辦，由於我當時的心情及狀況，並不適合回到市區上課，我和姐姐討論後決定放棄該課，但姑姑及爸媽卻鼓勵我去上課，說是為了進修而離開一下，阿婆應該不會介意。於是趕在課程開始前的最後一刻，堂哥開車載我來到了教室門口。我深深呼吸，期盼撫平悲傷的情緒、克服心理的障礙，並說服自己這2個月前就報名的甜點課程，會有所獲得。然而，太高的期待卻換來一次更深沉的失落。講師在過程中，一直強調自己在國外生活，以及在烘焙坊學習甜點的趣事，卻對食材特性、產地資訊，以及烘焙原理毫無著墨，連原定3個小時內完成3道甜點的課程規劃，也在失準的時間掌控和不足的教學經驗中，被揉成一團不堪的廢紙，製作出的成品與文宣無法對照外，還有一道甜點示範，竟在即將超時的鬧鈴提醒中，被迫放棄製作，並希望學員依照食譜，自行回家練習。而另一次的學習經驗，則是發

每位學員的烘焙器具。

生在某間知名的甜點店所附設的烘焙教室中,因為當初店家是以「實作課程」為號召,所以儘管報名金額高昂,仍令我躍躍欲試。然而,在課程開始後,老師先將8位學員分為4組,口述完製作流程和注意事項後,要我們共同完成一道工序,4組的成品再組合成一道甜點。而當天我學到的,是甜點的塔皮製作,實際動手的部分,僅止於將塔皮桿成圓形,再入模烘烤而已。

在一個月一次的「閱讀農食」中,我們曾搭配母親節,運用在地的桑葚及草莓,和大家共同製作一款「莓果乳酪派」,並讓學員帶著自己手作的成品,獻上對母親的感謝。也曾運用在地的南瓜和火腿,以及臺南東山的有機桂圓,設計出「南瓜火腿派」和「黑糖桂圓蛋糕」。還有因應中秋佳節,為健康考量而降低油糖比例,適合自用與送禮的「復刻蛋黃酥」,以及由中元節所發想的「18號紅茶戚風蛋糕」,希望拜拜完的蛋糕不再乏人問津。關於「實作課程」,不論是事前的食材及器材準備,課程中的講述和指導,再到結束後的空間清理及歸位,都需耗費相當多的心力,然而,從學員興奮的拿著成品,露出滿意笑

大家實作的成品。

容並道謝的當下，覺得這一切的辛苦都有了回報，甚至也有許多知名店家的老闆、廚師，不嫌棄的來到三樓上課，並在臉書上給予相當正面的回饋，都令我感到萬分榮幸，而更重要的是，在這個過程中，我們分享了小農們優質的產品，傳遞了在地的飲食訊息，也交換了彼此對於這片土地的期許，我或許也會更接近自己心中，那位不會讓學員失望的料理講師。

RECIPE

豬肉絲瓜湯包
約30-40顆分量

A｜內餡

1. 絲瓜：300克
2. 豬絞肉：300克
3. 蝦仁末：100克
4. 蒜末：3瓣
5. 味醂：15克
6. 醬油：20克
7. 鹽巴：少許
8. 白胡椒：少許
9. 香油：適量

B｜餃子皮

1. 中筋麵粉：300克
2. 熱水：150克

1　絲瓜去皮後，從中間剖開並取出籽囊，細切成絲瓜丁，或是用刨刀將絲瓜刨成細絲。

2　將豬絞肉與蝦仁一起細剁至肉質略帶黏性後，將**4-9食材**倒入，均勻抓捏後，拌入絲瓜丁，放置冰箱醃漬1小時。

3　將中筋麵粉與熱水均勻攪拌成麵團後，以保鮮膜覆蓋並放置常溫15-20分鐘，待麵團鬆弛後備用。

4　將麵團以12-15克為單位，平均分成約30份的餃子皮，並於桌面撒上麵粉，將餃子皮稍微搓圓，並依照個人喜好，桿開成適當厚度及大小的圓形狀。

5　將內餡包入餃子皮中，餃子皮的外圍抹上少許水分，以利抓皺時不易鬆落。

6　蒸籠內平舖蒸籠巾，放入適量湯包，避免湯包距離過近而產生沾黏狀況，待鍋內水燒開後，即可放上蒸籠，以大火蒸煮10-12分鐘，湯包熟透後即可搭配醬油及薑絲食用。

SCENE 理想生活的味道

　　自己創業滿兩年了，回想這段時間，從原先只想做甜點、騎傑米號四處販售的單純想法，再到開始與「三餘書店」合作，運用小説和電影設計、研製甜點；接著因為諸多前來採訪的媒體而曝光後，個人及品牌的知名度因此上升，藝文空間的邀約也接踵而來，加上傳統節慶的需求，也開始承接了茶會和伴手禮訂單的業務。因為書店的選書和講座充滿濃厚的地方性，讓長年離家、生活在臺北的我，覺得有必要更深入地去瞭解這塊土地上的人文和食材，並設法將其融入甜點之中，所以開始了「季節限定」的產品，並透過走訪不同鄉鎮，將探訪和認識農友的過程和資料，於「叁食而麗」講座中完整述説，後來也因此得到出版社的青睞，開始籌備、撰寫自己的第一本新書。

　　緊接著是法國經典鍋具品牌Le Creuset的邀約，希望我從事料理示範教學，推廣健康飲食和食品安全的技術和觀念，甚至因此得到幾間百貨公司樓管的關注，紛紛與我的個人品牌合作，舉辦多場的「酬賓活動」及「傑米號快閃教學」。另外，更有多所學校的演講邀約，期盼我以「大學長」的身分，來分

繼續專注下去。

享微型創業的心路歷程。而近期頗令我驕傲的事件，莫過於與張懸演唱會的合作，以及持續舉辦的「閱讀農食」。這一連串彷彿沒有句點空間的陳述，其實是我近兩年來，壓縮生活品質和休憩時間的過程，這一路上，許多朋友的幫助和鼓勵，造就了發展順遂的形象，我由衷感謝，即便周遭的每件事都是自己所熱愛及選擇，但有時個人完美主義使然，在壓力和時間的關注之下，時常會興起：「我怎麼會走到這一步呢？」

說來慚愧，總想透過甜點或料理，傳達關於在地農友及飲食的故事，卻忽略了另一端的故事，正在客人入口的當下恣意滋長著。日前聽一麟提到，曾與當時還在書店咖啡廳任職的明信聊起，有一位女客人，總會在接近書店打烊的時分上樓，點一份蛋糕，自己安靜地品嚐著，對方因為喜歡我的甜點，擔心當日蛋糕售完，每每造訪前必定先撥電話預留，而且住家似乎也不在附近。

「她是下班後直接過來的嗎？或是先回到家盥洗，再特地繞了一段路過來的呢？」我不禁想像著各種情境，就像想憑藉著盤底殘餘的巧克力碎末，觀察

出什麼蛛絲馬跡，推測出她是否滿足於生活的表情。另外，也聽店長説過，有幾位來自屏東的客人曾多次造訪，不論選在平日或假日過來，總離奇的與最後一份甜食擦身而過，問她們為何不事先預約，留下了一句令我印象深刻的話：「有些事情需要緣分，或許也讓我們更期待下次過來。」也常在快步上樓片刻，聽二樓同事提醒，幾乎每天都會有不少客人詢問：「新口味的季節限定是什麼？」、「還有千層蛋糕嗎？」、「再見柏林還會出嗎？」光想到這些，都為店員深深感到為難和歉意。

平日在外奔忙於寫作與教學，一有時間到書店工作室做甜點，也都是蛋糕數量迫在眉梢，再一股腦地趕完所有訂單，直至夜幕低垂才有機會下樓透透氣，鮮少有時間與客人交流意見，甚至是觀察他們的姿態，實在可惜。倘若我有更多時間，倘若我工作和邀約不接這麼多，倘若我產量再多一點，會不會更有機會，透過甜點來撰寫人與人之間的故事呢？

其實，我沒有什麼偉大情操，或是深遠抱負，只是希望透過自己的興趣和分

旅程的起點。

享，讓更多朋友可以看見，這塊土地上共存著多麼美好、可愛的人和事，說非關收入和營運未免矯情，但在我的理性戰勝感性之前，我希望我能持續擁有體力、勇氣和好運，讓這件我所喜歡、我所選擇的事，能繼續下去，很久很久。我內心的期許是，或許有一天，在足夠的條件和能力下，我可以成立一個小小的料理教室，只教偏遠地區的小朋友做菜、烘焙，再將他們親手製作、販售的產品收入，當作生活基金或補貼家用，建構一個系統化課程和實習機制，讓無心升學的孩童們，也可以靠著自己的技術，專心、喜愛、生活下去。

不管是穿梭於產地與廚房之間，將蒐集到的地方食材，製成一道道的甜品與料理；或是遊走於百貨公司與藝文空間，透過教學講座，分享來自地方的風土訊息，我都希望將這一路經歷的故事，以及累積到的資源，搭建成一個「飲食平臺」，提供給想了解在地飲食文化的朋友，一個可以安心休憩的地方。從沒料想到自己喜歡的事，能帶我走到這麼多熟悉的地方，以全新的身分去遇見這麼多朋友、經歷這麼多故事；在緊湊的事件之間，在記憶與未知對面，去吸

收、學習、碰撞、淡忘,即便總在會後的某個片刻想起:「或許剛剛應該說這
個的。」就像告別一位不會再見的朋友卻忘了擁抱。人的短期記憶有限,當下
感動也是,時間趕路,在這一班和下一班的準點列車間,我也只能盡所能地放
大感官、沈浸感受,每一刻、每一分、每一秒的好壞,然後下了站、揹起行
囊,繼續在期望和失落間釋懷,在自己和城市裡,昂首闊步地旅行。

Carry on.

196

RECIPE

南洋咖哩獅子頭

使用淺底燉鍋

板豆腐：半塊	醬油：30克	大蒜片：4瓣
豬絞肉：500克	白胡椒：5克	黃咖哩醬：50克
蔥花：1根	樹薯粉：30克	高湯：300克
洋蔥末：半顆	沙拉油：300克	椰奶：100克
全蛋液：1顆	洋蔥絲：半顆	檸檬汁：少許

---

1 將板豆腐以篩網過篩後，與豬絞肉、蔥花、洋蔥末、及調味料拌勻，倒入蛋液與樹薯粉，稍微用力的將豬肉於盆中翻摔至肉質呈現Q彈狀。

2 鍋中放置沙拉油熱鍋，將絞肉捏成小球，放入鍋中煎炸至金黃即可撈起待涼。

3 將鍋中多餘的油倒出，加入洋蔥絲、大蒜片爆香，以及黃咖哩醬拌炒後，最後倒入椰奶及高湯煮至咖哩醬沸騰。

4 將肉丸子放入咖哩醬中同煮，以小火慢燉30分鐘，起鍋後加入少許檸檬皮及檸檬汁調味後即可食用。

CHAPTER 3

歸鄉

有些食物不是便於取得就好，有些情感更不是機器可取代。放慢腳步，品嚐一口柴火慢燒出來的客家封菜，聽菸樓阿伯訴說往事……，純樸小鎮竟是如此意猶未盡。故事的最後，以大樹鳳梨乳酪蛋糕、美濃的荔枝檸檬塔、旗山的香蕉桂圓蛋糕，以及六龜的初夏莓果塔，獻給我永遠的家鄉──高雄。

SCENE 大樹手札

　　在天氣漸熱的初夏午後，我獨自搭著冷氣不停運轉的列車，行經高屏溪，眼前百年歷史的舊鐵橋依舊穩健地、預告著下個世紀的姿態。鳳梨山頭的碩大果實也透過車窗閃耀著光。我不禁想像在半個世紀之前，列車上滿載著鳳梨、蔗糖和各樣來自這物產豐饒的小城，所產出的各式各樣農產加工品，那是一個怎麼樣的時代啊！對於「大樹」的認識，實在不該僅止於此吧！像是懺悔般頓悟的我，特定在快速火車鮮少停站的九曲堂下車，走向不遠處的泰芳鳳梨冠詰工場。

　　步出了九曲堂車站，才五月底，不太好客的陽光就狠狠地招呼著我習慣恆溫的汗腺，反倒是路旁阿婆用地道、熱情的語氣迎接，「少年耶，來飲涼水喔！」我隨意拉了張矮凳，在樹蔭下坐了下來，心裡想著：「還好有這棵大樹啊！」是說在幾個世紀之前，大樹因為農產及地理位置的優勢，曾是高屏地區重要的貿易要地，在下淡水溪橋[1]尚未興建往返於阿猴[2]與打狗[3]兩地的商人，習慣搭著竹排在溪畔的一棵大榕樹下作交易，久而久之就習慣稱呼這個地方為大樹

腳（下），而經過不同政權的治理及時間的推移，就成了現在大家稱呼的「大樹區」。習慣就是這麼⋯⋯一回事吧，就像告別了一段感情，還是會把餐桌右邊的位置空了下來。

　　此時阿婆遞來了一杯顏色深沉的青草茶，一邊說著：「聽家裡長輩說過，在我現在坐著的這個地方，曾經是亞洲最大的鳳梨罐頭生產地，應該說是全世界吧！」我當下深深被阿婆驕傲的神情吸引，而來不及對這句話的內容作出合適的反應。一個地方的農產之所以興盛，除了農業技術的導入之外，先天條件也占了很大因素，「吃大樹水、沒肥也會水」，足以說明大樹的水質清澈，再加上曹公圳、竹寮引水站的引流，讓這片土地上的人民及農作物，都能得到高屏溪水的滋潤和灌溉。而大樹地質屬於透水性高的礫土，地底下支流和暗溝水量豐沛，適合農作，加上鬆軟的紅土土質，讓大樹不只農產品肥碩之外，由紅土所提煉的紅瓦，也是早年臺灣建築所需建材，而名噪一時的傳統產業。

　　在半個世紀之前，大樹曾是全世界鳳梨罐頭最大的生產地，只要一到鳳梨盛

產季節，九曲堂車站沿線的罐頭工廠就不間斷地趕工，熱鬧非凡，這些來自於鳳梨山頭的肥碩果實，經由農民及工人的悉心照顧，搭乘著列車造福了更多外地人的味蕾。而鳳梨罐頭產業除了成為當時大樹人的主要經濟來源之外，也和當地特殊飲食文化息息相關。「老鼠咬過的鳳梨才甜」，雖然只是大人們哄騙小朋友的一句玩笑話，隱含的是珍惜食物的涵義，老一輩的大樹人會將不甚完美、無法販售的鳳梨，先用米酒洗滌後，浸泡在白樹豆、鹽巴之中醃漬，裝罐保存，完全不需要冷藏，不論是想搭配稀飯，或是煮鳳梨苦瓜雞湯時再取出使用，都能讓餐桌上的菜色更添一番風味。

1 下淡水溪=高屏溪。

2 阿猴=屏東。

3 打狗=高雄。

RECIPE

鳳梨乳酪蛋糕
使用6吋蛋糕模

A｜乳酪蛋糕

奶油乳酪：150克

糖粉：75克

全蛋液：1顆

香草莢醬：適量

動物鮮奶油：100克

檸檬汁：10克

低筋麵粉：10克

消化餅乾：120克

融化奶油：50克

B｜鳳梨果醬

鳳梨丁：200克

砂糖：80克

檸檬皮絨：1顆

檸檬汁：10克

水飴：20克

1 將退冰的奶油乳酪切碎，並與糖粉用打蛋器打勻。分次加入全蛋液並持續與奶油乳酪打勻至微發狀，一次倒入香草莢醬及鮮奶油拌勻。

2 加入過篩後的麵粉拌勻，最後再倒入檸檬汁拌勻備用。

3 消化餅乾壓碎後與融化奶油拌勻，倒入模具並以湯匙背面壓實後冷藏定型。

4 將麵糊倒入模具中，烤盤中倒入冷水，以180度隔水烤焙40-45分鐘。

5 將切丁的鳳梨與砂糖以中火同煮，煮沸後轉小火併撈除雜質，煮至水分收乾後，加入水飴續煮至湯汁完全收乾，果醬呈現焦糖色後，倒入檸檬汁與檸檬皮屑調味即可。

6 於蛋糕上方淋上少許鳳梨果醬即可食用。

SCENE 美濃記事

　　舊名「瀰濃」的「美濃」，在客家先民尚未抵達、開墾之前，為原居於此的鄒族阿魯哇社Mailing（發音近瀰濃）之狩獵地，在1734年的〈雍正臺灣輿圖〉上已有「瀰濃山」之記載。而到了日治時期的1920年代，「瀰濃」的發音接近日文中的「美濃」，故因此改名為「美濃」。

　　山明水秀、土地肥沃的優良環境，以及客家先民的「硬頸」開墾、栽種，造就了美濃這個農業小鎮的「菸葉」、「白玉蘿蔔」、「澄蜜番茄」等聞名全臺的特殊農產。而傳承百年古法榨油的「南頭河麻油」，無毒栽種的「美濃紅豆」，在「浩然基金會」的輔導及推廣下，雖然費工、少量、價格相對高昂，仍成為注重飲食安全的朋友之料理首選。彷彿同時也提醒著「忙盲茫」的我們，有些食物不是便於取得就好，有些情感更不是機器可以取代，有機會是否該放慢腳步，品嚐每一口美濃稻的滋味，和柴火慢燒出的客家封菜，那封存在高麗菜中的淡淡的醬油清甜。

　　除了廣為人知的「客家飲食」外，美濃更有「黃蝶翠谷」的生態故事，以

及點亮南臺灣百餘年，仍持續供電的活古蹟「竹子門發電所」，等著您假日騎著單車，吹著涼涼的春風，穿梭於田野樹林間，天熱了就飲一口小山溝流出的泉水，聽聽菸樓阿伯述說古早的故事，相信這淳樸小鎮的一切，絕對會讓你意猶未盡。

RECIPE

荔枝檸檬塔

使用7吋塔模

A｜奶香塔皮

奶油：60克	奶粉：15克
無水奶油：20克	杏仁粉：20克
糖粉：40克	低筋麵粉：100克
蛋液：30克	

B｜檸檬凝餡

1. 檸檬皮絨：2顆	5. 全蛋液：二顆
2. 檸檬汁：60克	6. 發酵奶油：100克
3. 動物鮮奶油：40克	7. 去籽荔枝：適量
4. 細砂糖：100克	

1　將奶油退冰至常溫，與無水奶油及糖粉以打蛋器拌勻，再將全蛋液分次倒入，以刮刀拌勻；粉類過篩後，一次倒入與奶油拌勻即可。

2　將麵團冷藏1小時後，取出並桿開成厚度0.2-0.3公分的圓形塔皮，鋪入塔模中並於塔皮上以叉子搓出密集且平均的洞，避免塔皮烤後隆起，以攝氏170度烘烤25-30分鐘，直至塔皮完全上色、熟透後取出，趁熱抹上少許全蛋液填補塔皮空隙。

3　將B之1-5食材放置鋼盆中拌勻，以小火慢煮，同時不斷以耐熱刮刀刮拌鍋邊及鍋底，以避免凝餡沾黏，煮至沸騰後即可熄火。

4　將發酵奶油切成丁狀，拌入檸檬凝餡直至融化，便可放涼備用。

5　將荔枝去籽，以紙巾拭去水分後，平鋪於放涼的塔殼之中，再填入放涼的檸檬凝餡，放置冰箱冷藏3小時，直至凝餡凝固後，便可切片食用。

SCENE 旗山味道

　　「旗山」是小時候住在六龜的我，久久一次才能搭著高雄客運，行經十八羅漢山的延綿，穿越六龜隧道的深邃，才能輾轉抵達的熱鬧城鎮。下車後沿著老街往市區走，先到書局看看書，翻翻連載的《灌籃高手》，然後逛逛附近的唱片行和三商百貨，買些來不及用到就消失的小文具，最後在「旗山枝仔冰城」點上一份雞腿套餐，就是最高級的盛宴了。

　　其他的印象是，國小的時候加入合唱團，旗山區的區域賽就是在旗山國小舉辦，比賽當天的一大早，我們會先跑個幾圈操場，然後再到練習教室開嗓，做最後的總排練，接著換上潔白的襯衫、繫上緊緊的領結，「開完嗓就不要說話了喔！」音樂老師最後叮嚀，就是不希望我們一個學期下來的勤奮練習，因為緊張或是任何突發的失誤而影響成績；而通常我們都會在區域賽中拿下前兩名的成績後，開開心心的到「三桃山森林遊樂園」玩到下午放學前，再搭著車，神情瀟灑地唱著剛比完賽的歌曲，隨著漸暗的天色和縹緲的山嵐回到我們的家。

　　重新翻修的武道館，地面或許還留著我小學比賽跆拳道的汗漬；旗山老街的「一江山飯店」，是姊姊上完芭蕾課後，鄰居阿姨會帶我們去吃飯的地方；還有熟悉的阿公果汁牛奶，是否也隨著旗山車站的現代化，而逐漸被遺忘了呢？關於旗山，有太多的回憶，在時代的巨輪和自然的演變下變得沉重，但有更多值得努力的想像，正等著我們一步一步去編織、去實踐的，對吧？

　　這次，我運用了旗山盛產的食材—香蕉，並與柴火燜燒而成的龍眼乾，一同打成泥狀，再和入黑糖及土雞蛋，烤焙成金黃酥香的「香蕉桂圓蛋糕」，希望能呈現一種溫暖、豐盛卻質樸的滋味，也算是對那段甜美、濃厚的旗山記憶的一種懷念吧。

212

RECIPE

香蕉桂圓蛋糕
使用磅蛋糕模

香蕉：1根	蛋白：3顆
桂圓：30克	細砂糖：40克
黑糖：30克	杏仁粉：30克
蛋黃：3顆	低筋麵粉：70克
融化奶油：45克	

1　將香蕉及桂圓切碎，與黑糖、蛋黃共同放入食物調理機中，以高速攪拌至糊狀。接著倒入融化奶油，以低速攪拌均勻備用。

2　蛋白分次倒入細砂糖，以電動打蛋器打至蛋白霜成硬挺的「乾性發泡」狀態，並與蛋黃霜攪拌均勻。

3　蛋糊中篩入低筋麵粉及杏仁粉，以刮刀輕快拌勻成麵糊後，倒入磅蛋糕模中，以攝氏170度烘烤30-35分鐘，出爐後放涼取出，即可切片食用。

SCENE_ 六龜往事

初夏 |

「乀，下課後妳要幹嘛？」
「回家練鋼琴啊，下個月有檢定」
「可是現在快夏天了耶！」
「所以呢？」
「所以我們要去溪邊抓螃蟹阿！還有摘小草莓吃！」
「恩。」

每到春末初夏，我總會約班上的32號，去荖濃溪的小支流，
翻著石頭找螃蟹，然後裝在喝完紅茶的透明小塑膠袋裡，
就是那種傳統豆漿店會使用的那種袋子，
收口處用紅色繩子綁住，我們沿著溪流，

一路找尋野生的小草莓（刺莓），野莓吃起來酸酸澀澀的，
但當時的成就感和感覺，卻是甜美無比。

長大之後，在城市生活，就再也沒見過這種野莓，
或與她有機會相遇，有時不免會想沿著兒時記憶，
逆著時間的軌跡，找到野莓和那分單純的喜悅；
或是跑去她家樓下，回味那種期待又緊張的心情。
而故事的結尾，就是這道甜點的出現，
帶著顆粒，濃厚且甜美的回憶，就像綿密乳酪餡；
混合著野莓的酸澀滋味，將她獻給我家鄉的荖濃溪，
和永遠美好的32號。

一抹相思 |

我灑下一把種子，測量命運的機率，
流了一夜雨水，發出枝芽，
樹幹日漸茁壯，抵抗地心引力，
鳥兒隨風而來，擺設著家的模樣，
雛鳥羽翼漸豐，揮別父母，
牠們終究離去，留下家的形體，
無法責怪緣分這系統。
我撿起巢，藏了一個祕密，
落葉預告花開，失去迎接擁有，
掉落的果實，名為相思，
長出一棵棵的樹，
森林就成了妳的樣子。

獻給我的家人，

和我永遠的家——高雄。

RECIPE

初夏莓果塔
使用7吋塔模

A｜奶香塔皮

奶油：60克	奶粉：15克
無水奶油：20克	杏仁粉：20克
糖粉：40克	低筋麵粉：100克
蛋液：30克	

B｜乳酪餡

奶油乳酪：250克
細砂糖：60克
全蛋液：一顆
玉米粉：10克
檸檬汁：5克

C｜綜合莓果醬

綜合莓果：100克
細砂糖：40克
透明水飴：20克
檸檬皮絨：一顆
檸檬汁：10克

1 將奶油退冰至常溫，與無水奶油及糖粉以打蛋器拌勻，再將全蛋液分次倒入，以刮刀拌勻；粉類過篩後，一次倒入與奶油拌勻即可。

2 將麵團冷藏1小時後，取出並桿開成厚度0.2-0.3公分的圓形塔皮，鋪入塔模中並於塔皮上以叉子搓出密集且平均的洞，避免塔皮烤後隆起，以攝氏170度烘烤15分鐘，至塔皮稍微上色、定型即可取出備用。

3 將奶油乳酪加入細砂糖，以打蛋器打發呈霜狀，分次倒入全蛋液拌勻，續將低筋麵粉過篩後拌入，最後加入檸檬汁拌勻，倒入半熟的塔皮中烤焙25分鐘後即可出爐。

4 將綜合莓果洗淨、拭乾水分，切成碎丁後入鍋。同時把檸檬皮刨成皮絨連同檸檬汁、砂糖一起倒入，蓋上鍋蓋熬煮20分鐘。

5 熄火將雜沫撈起，加入水飴拌勻，放涼後即可鋪於乳酪塔上食用。

二魚文化｜魔法廚房 M063

土文青，洋菓子：書店頂樓的甜點師

作　　者	江舟航
責任編輯	鄭雪如
美術設計	陳恩安
形象攝影	陳志華（封面），林科呈（食譜），江舟航
行銷企劃	溫若涵、周晉夷、郭正寧
讀者服務	詹淑真

出 版 者	二魚文化事業有限公司
發 行 人	葉珊
	地址｜106 臺北市大安區和平東路一段121號3樓之2
	網址｜www.2-fishes.com
	電話｜02-23515288
	傳真｜02-23518061
	郵政劃撥帳號：19625599
	劃撥戶名：二魚文化事業有限公司
法律顧問	林鈺雄律師事務所
總 經 銷	黎銘圖書有限公司
	電話｜02-89902588
	傳真｜02-22901658
製版印刷	彩達印刷有限公司
初版一刷	二〇一五年十二月
ＩＳＢＮ	978-986-5813-69-7
定　　價	380元

題字篆印：李蕭錕

國家圖書館出版品預行編目（CIP）資料

土文青,洋菓子：書店頂樓的甜點師 / 江舟航著. -- 初版. -- 臺北市：二魚文化, 2015.12｜224面 ;17*23公分. -- （魔法廚房；M063）｜
ISBN 978-986-5813-69-7（平裝）｜1.點心食譜｜427.16｜104024420